產前100天到產後100天

新手媽咪不崩潰

最關鍵的懷孕／生產／育兒135問

讓妳把瘋狂爬文的時間拿來多睡一點，令人感謝的一本書

對比較晚生孩子的我來說，同年齡的朋友們都已經不記得自己生產的狀況，我也沒有可以清楚諮詢的地方，所以要是遇到什麼問題，也只能用手機瘋狂地上網查詢。不管是我兩手還抱著孩子，或是孩子正在睡覺，我都只能靠手機大略瞭解一下。可是，搜尋到的每篇文章內容都不一樣，我也很難判斷哪一個才對。姑且挑一個跟著去做，結果常常以失敗收場，真的很常有這樣的經驗。後來我開始心想：「如果有一本書，能一目瞭然地解開媽媽們的疑惑，大家就可以把瘋狂查詢的時間拿來稍微多睡一點了。」前輩媽媽們在實際生活中都會有些小祕訣，讓我能在各種資訊中找到我需要的，這真的帶給我相當大的幫助。

－書媛媽媽 金慧真

從我懷孕到生產，我真的很迫切需要一些實際的育兒知識，那些是連主修教育心理學的我也不知道的。這種時候，哪怕前輩媽咪們用她們的經驗對我說出一句發自內心的話，對我來說也像久旱逢甘霖一樣相當珍貴。對新手媽咪而言，比其他事更困難的就是養小孩，現在出了一本這樣的書，把這些智慧、知識全都彙整起來，這對新手媽媽來說，毫無疑問是一大幫助。尤其書中還一併

收錄了前輩媽媽提供的妙招專欄和專業醫生的建議，讓我能更正確地確認並且加以應用，真的很值得信賴。此刻正被育兒煩惱搞得筋疲力盡的新手媽媽們，我相信這會是一本能讓大家稍微喘息，並省下許多時間和精力的珍貴書籍，推薦給大家。

－遊戲治療師兼兩個小孩的媽媽 高麗玉

本書豐富地收錄了每個時期須知的內容，也有不久前才剛經歷懷孕生產的媽媽視角所描繪出的感受，我覺得這樣很棒。這本書給人的感覺「就像跟親姐姐在房間裡唧唧喳喳地暢聊，一起分享懷孕、生產以及無與倫比的珍貴育兒經驗。」我腦中很不免俗地浮現一句話，這是一本「按照媽媽的需求、為了媽媽的需求、跟媽媽及孩子有關」的書。

－俊熙和俊書的媽媽 李淑敏

我看完這本書之後心想，要是之前有這本書，我就不用在手機上查資料查到眼睛痛，也不用一一詢問忙得要命的朋友了。真的好可惜！從懷孕時期到育兒的階段，這當中一切瑣碎的疑問全都能解決包辦，對於現在生完孩子並進入養育階段的媽媽們來說，我認為這真的是一本絕對必要的書。

－雙胞胎的媽媽 李慧珍

這本書已經把讀者最想知道的資訊及內容，整理得輕鬆易懂。按照主題就能輕鬆地搜尋，有急需時就能立刻拿來參考。讀了之後，就能知道以前一直都不懂的新資訊，我覺得非常好。而且前輩媽咪們提供的資訊都很符合現實狀況，真的太棒了。

－三個孩子的媽 周真賢

序言

獻給那些在生產、育兒過程中，瀕臨崩潰的新手媽咪

「為什麼都沒有人跟我聊聊懷孕和生產方面的事呢？」

經歷漫長陣痛，最後為了接受剖腹產而上生產台時，我忍不住問了負責手術的婦產科醫師這個問題。我在 39 歲高齡的情況下經歷初次生產，也寫過一本名叫《3540 懷孕生產》的書，在家帶孩子帶了一段時間後，接著便以記者身分出來工作。我雖然生過兩個孩子，勉強稱得上是專家，但是很無可奈何的是，還是有很多人稱我們為「新手媽媽」。

在很難熬的陣痛結束後，孩子並不如想像中可愛，懷孕生產以及幼兒相關的百科全書裡雖然有各種等級的淵博知識，可是實際上，當孩子哭鬧糾纏的時候，我卻不知道當下該做什麼，相當手足無措。抱著哭個不停的孩子，我都會覺得自己也乾脆大哭一場算了，於是我的崩潰時期就這樣開始了。我撐著產後腫得圓嘟嘟的身體，為了查詢我近期遇到的疑問，把手機都查翻了。那時候我的手指、手腕和胳膊等，沒有一個地方是不痠痛的。那段僅有的、能跟孩子四目交接、抱著孩子的時光就這樣過去，再也不會回來了。現在回想起來，那些與孩子間初次相處的美好時光，我好像都只是在擔心中度過，真的非常可惜。

為了讓各位不要像我以前那樣，在面對實際情況時頻頻出錯，也為了讓已經相當疲憊卻還要照顧孩子的新手媽媽們感到幸福，於是我寫了這本書。透過問卷調查詢問有養育孩子經驗的前輩媽媽們，我們彙整了關於懷孕、生產，還有孩子的新生兒時期等這些大家最想知道的提問，加上專家的意見以及前輩媽媽們的經驗，在這些基礎上提供給讀者明快的答案。最重要的是，本書還可以從前輩媽媽們的立場，幫助第一次當媽媽的人解決可能會遇到的每個崩潰瞬間，這就是我們撰寫本書的原因。當時我的孩子遇到了乳頭混淆的狀況，但因為我不知道什麼是「乳頭混淆」而查不到這個部分，那時初為人母的慌亂心情又再次浮現腦中。

有些書籍直言不諱地點出媽媽們犯的錯誤和不足之處，用「初學者」或「外行人」這些單字來形容。但是對於媽媽而言，與其說她們是需要技術的「初學者」，不如說她們不過是需要理解、同理心和愛的「新手」罷了。比起說媽媽們犯的錯是出於她們自身的不足或是生疏感，這本書想站在感同身受的立場傳達一件事：「其實這些現象都是來自於媽媽們想要好好對待孩子的心情。」對於給晚上哭鬧的孩子餵奶而產生罪惡感的媽媽們，這本書不會罵你們說：「不要在三更半夜餵奶！」而是會說：「三更半夜還要餵奶，很辛苦吧？要是這樣這樣做，媽媽跟孩子都會比較輕鬆喔！」

「產前一百天到產後一百天」是一段最辛苦的時期，這段期間中，希望本書能成為各位的朋友或姊姊，給予大家溫暖的安慰和親切的建議。對本書有高度信賴的黃寅喆醫師也傳授了他的經驗，讓本書充滿了更多實際經驗。在此同時也真心感謝幫助本書完成的前輩媽媽們。

前輩媽媽 金惠敬 朴賢珠

目錄

MILK

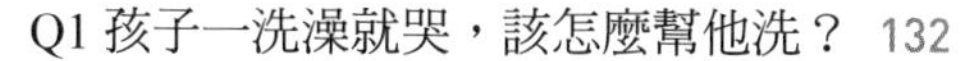

HAPPY
100TH DAY

第 5 章　餵奶原來這麼辛苦？擺脫餵母乳精神崩潰

第 6 章　拜託快點睡好嗎？擺脫睡眠訓練崩潰

快喘不過氣來！擺脫懷孕後期精神崩潰

懷孕後期的孕媽咪們，白天要挺著肚子，晚上正躺難受、側躺也難睡，光是照顧自己就已經筋疲力盡，還要為了迎接寶寶，面對慢慢化為現實的生產焦慮，更是心力交瘁。在這段快喘不過氣來的懷孕後期，提供媽咪們各種狀況的解決方法，拯救孕媽咪脫離精神崩潰！

如果讓我再懷孕一次？

寶寶還在肚子裡就是最輕鬆的時候？沒錯！

孩子出生後，最觸動我的一句話就是：「當寶寶還在肚子裡就是最輕鬆的時候。」孩子出來之後整天哭著找媽媽，別說坐著好好吃飯了，連上個廁所都無法放心。偶爾想出門一下，就得帶著尿布、奶瓶、手搖鈴，還有包巾，東西多到讓人崩潰。加上還要餵孩子吃奶，真的很累……。寶寶因為肚子餓而一直哭鬧的時候，我真的很想把他重新塞回肚子裡。所以孕媽咪們，懷孕時吃你想吃的、去你想去的地方，也把你想玩的玩過一遍，盡情享受吧！

先瞭解一下分娩過程吧！

懷孕初期容易孕吐、中期要忙著照顧好自己的身體，後期又要忙著待產，就有媽媽到生產當下還弄不清楚分娩過程是什麼。有些人以為自己理所當然可以自然產，結果卻突然需要剖腹，根本不知道該怎麼做。其實就算是自然產的媽咪，也要先瞭解基本流程。書裡面有清楚的資訊和說明，如果沒有先仔細一一閱讀，等到要生的時候，就會痛到無法思考而面臨身心崩潰。現在先瞭解一下分娩的順序，到時候在生產的當下也能比較放心。

chapter 1

餵母乳和睡眠訓練的方法，先提早學起來吧！

如果讓我再回到懷孕時期，我會想先把餵母乳和睡眠訓練的方法學起來。一想到孩子每次肚子餓、想睡覺，或有什麼不舒服而哭鬧不停時，要我在身體都還沒恢復的狀況下，著急地拿手機找網路上的正確方法，這根本是不可能的事。我要是先知道「寶寶吸不太到奶就讓他含深一點、想進行睡眠訓練就要增加孩子白天醒著的時間⋯⋯」，當時應該會輕鬆一點吧？比起產後各種忙碌，懷孕期的時間反而是比較充裕的，建議媽咪們事先研究研究囉！

生產前就要先做好迎接寶寶的各項準備

生完孩子回家就要開始打仗了，那時根本沒有餘力整理家裡或考慮別的。再加上嬰兒用品幾乎天天都以等比級數增加，所以產前就要先把家裡整理好，東西才放得下。要放在嬰兒房的家具建議先買好讓味道自然散掉，寢具和衣服都先洗過，尿布、濕紙巾等嬰兒用品也先整理成方便使用的方式，這樣回到家照顧起寶寶就會更輕鬆。還有，也建議先跟家人一起討論好寶寶的名字，因為寶寶出生兩個月內一定要做出生申報，所以事先想好可以避免很多狀況。

懷孕後期確認重點

生產前 100 天，該準備的都要一一檢查。這個時期要準備迎接寶寶，也要管理身體。為了讓體重慢慢增加，要調節飲食並適度活動身體，這樣可以減緩妊娠紋或腰痛等懷孕時找上門的各種不適。還有，因為不知道寶寶何時出來，所以一邊有條理地做好生產準備，一邊享受最後的懷孕時光吧！

懷孕 7 個月
check point

- □ 管理體重
- □ 準備生產費用
- □ 留意早產徵兆
- □ 決定產後坐月子方式

- □ 開始準備住院
- □ 準備迎接寶寶
- □ 想好寶寶名字
- □ 準備交接公司業務

- □ 瞭解分娩資訊
- □ 瞭解分娩過程
- □ 決定生產醫院
- □ 練習呼吸法
- □ 準備離家待產

- □ 管理體重直到最後
- □ 從容待產
- □ 等待產兆

〔懷孕 7 個月的確認重點〕

□ 管理體重：要記錄體重，避免體重一週增加超過 500 克、一個月增加超過 2 公斤以上

□ 準備生產費用：房型和檢查費不同，費用也可能會差很多。建議先問生產醫院需要多少費用並事先準備好

□ 留意早產徵兆：如果出現分泌物夾雜血絲（落紅），或是陰道流出透明水狀液體（破水）等早產徵兆，要立即就醫

□ 決定產後坐月子方式：事先考量產後坐月子要多久、用什麼方式，如果要去月子中心，也要先決定要去哪家

生產費用

生產費用中，包含了媽媽和寶寶的健康檢查費、住院病房費、餐費、分娩（陰道生產或剖腹生產）費等等的項目。除了這些基本的開銷之外，如果想另外選擇不同方案（例：無痛分娩），或是想自費升等住院病房，也會大幅增加並影響生產費用。

基本費用：自然產（陰道生產）3～5 千元、健保給付剖腹生產：約 2～4 萬元、自願型剖腹生產：約 4～7 萬元

〔懷孕 8 個月的確認重點〕

□ 開始準備住院：購買要先備好的產後用品，準備好待產包

☐ 準備迎接寶寶：採購必需嬰兒用品，先選好嬰兒衣服或尿布等物品。另外也要先布置回家後跟孩子一起生活的空間

☐ 想好寶寶名字：生產後要做出生申報，先跟家人一起討論孩子的名字

☐ 準備交接公司業務：為了準備生產，將現在手上業務的狀況、聯絡方式等，整理得一目瞭然

〔懷孕 9 個月的確認重點〕

☐ 瞭解分娩資訊：跟醫生確認所有生產疑問，並到待產室、分娩室等繞一圈，克服茫然的恐懼感。也可以聽聽別人的生產經驗

☐ 瞭解分娩過程：事先瞭解「抵達醫院－住院－待產室－分娩室（產房）－寶寶誕生」等過程

☐ 決定生產醫院：如果因為不同生產方式有轉院的需求，也要事先確認

☐ 練習呼吸法：呼吸可以減緩疼痛與緊張，也可以提供媽媽和寶寶充足的氧氣，建議有空多練習

☐ 準備離家待產：把離家待產的需要告訴老公，並交代衣服和生活用品的位置、家電使用方法等，請他整理好待產包帶來醫院

〔懷孕 10 個月的確認重點〕

☐ 管理體重直到最後：懷孕滿 10 個月時，胎兒已經隨時可以出生，體重幾乎不會增加，所以媽咪也要好好管理，別讓體重增加。要攝取對身體好的養分，也要多吃蔬菜促進排便

☐ 從容待產：一天散步 30 分鐘可以消除失眠，也能減緩生產的壓力。不過，散步途中可能會不舒服，一定要隨身攜帶錢包和手機

☐ 等待產兆：如果出現落紅、陣痛、破水（羊水流出）等生產徵兆，就立刻聯絡先生或家人並到醫院

Doctor's Advice

如果打算轉院，盡量在最後一個月產檢（36W）前轉院。轉院時，請務必影印前院的病歷、診斷證明，以及之前做過的各種檢查報告都帶在身上。

Doctor's Advice

正常懷孕週數的上限是 42 週，超過就稱為過期妊娠。懷孕超過 42 週，胎兒的死亡率也會跟著上升。如果超過預產期一週，都沒有自然陣痛，就會進行引產或催生。

預產期公式：「月 +9-12，日 +7」。例：末次生理期第一天 9/18，9+9-12=6 月；18+7=25 日，預產期就為隔年 6/25

前輩媽媽妙招

國民健康署提供 10 次產檢、第 35-37 週乙型鏈球菌篩檢補助，還有 2 次產前衛教指導等服務，孕產過程有任何問題都可以打免費諮詢專線：0800-870-870，或上孕產婦關懷網站 http:// mammy.hpa.gov.tw 查詢喔！

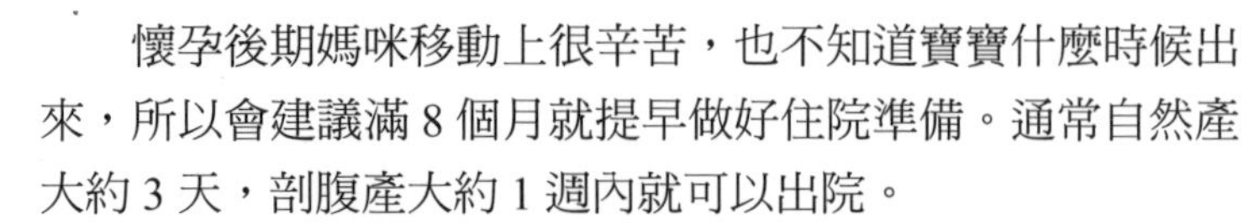

前輩媽媽告訴你聰明整理不 NG 待產包

前輩媽媽
妙招

在醫院建議帶自己的拖鞋。醫院提供的公共拖鞋可能會不合腳或不太衛生。帶自己的穿起來會比較舒服、乾淨。

懷孕後期媽咪移動上很辛苦，也不知道寶寶什麼時候出來，所以會建議滿 8 個月就提早做好住院準備。通常自然產大約 3 天，剖腹產大約 1 週內就可以出院。

待產包不建議把所有東西都裝在一個大包包裡，可以分成「媽咪包」裝媽咪住院期間所需用品；「嬰兒包」裝出院時的寶寶用品。另外，出院後要立刻入住月子中心的話，可以準備「月子包」，像這樣分別準備會滿好用的。

如果老公或家人可以自己看狀況妥善準備當然很好，不過也別把期待統統壓在對方身上，大家就按照下列的項目來準備該打包的東西吧！

｛媽咪待產包必備用品｝

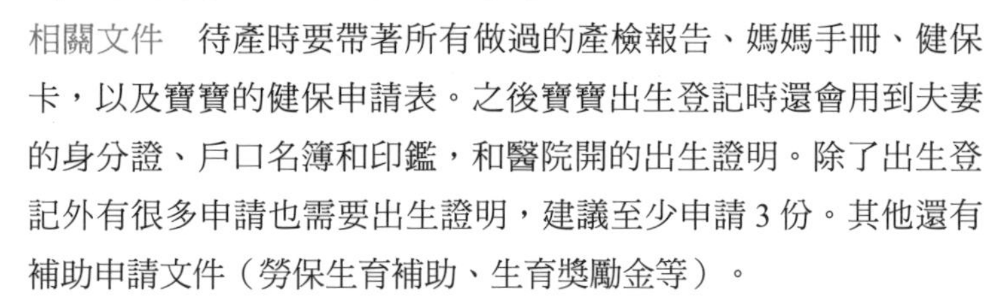

相關文件　待產時要帶著所有做過的產檢報告、媽媽手冊、健保卡，以及寶寶的健保申請表。之後寶寶出生登記時還會用到夫妻的身分證、戶口名簿和印鑑，和醫院開的出生證明。除了出生登記外有很多申請也需要出生證明，建議至少申請 3 份。其他還有補助申請文件（勞保生育補助、生育獎勵金等）。

住院時衣物　生完肚子不會馬上消下去，請準備懷孕後期穿的孕婦內衣褲（也可準備免洗內褲），穿在裡面的薄長袖襯衣、披在外面的外套、頭巾，還有睡覺穿的襪子、拖鞋。出院時穿住院時穿的衣服就可以了。生產完幾小時後可能會想嘗試餵初乳，所以也請備一套哺乳內衣。

產後用品　產後、哺乳用品百百種，可以先買束腹帶和護腕就好。另外，也要先檢查自己的乳頭是一般型、凹陷型還是扁平型。

盥洗用品　要準備基本盥洗用品、浴巾、浴帽、牙膏牙刷，和個人用毛巾、梳子、髮箍、鏡子、耳塞等物品。剖腹產至少會需要住院 5 到 6 天，最好一併帶著指甲剪和沐浴用品。

個人用品　手機和充電器一定要帶，如果有拍立得也可以帶著，方便你留下瞬間回憶。要準備足量的濕紙巾（無酒精）和手帕，也可以幫陪同者帶件輕便棉被。

其他用品　帶些可以裝簡單糕點的免洗餐盤或紙杯、吸管，也準備小水果刀、剪刀、小叉子等比較方便攜帶的小工具。用到的地方多著呢！

{陪同者要準備的用品}

自然產短的時候只需要幾小時，但有時也會被陣痛折磨一天以上，引產則需要更多時間。生產過程中，陪同者在現場最好備著產婦攝取水分時所需的吸管，還有濕紙巾、手帕等物品。一般陣痛時會禁止攝取水分，但如果遇到陣痛時間很長、或是開刀的可能性很低時，就會允許視情況攝取一些水分。

大部分醫院把寶寶送回來的時候就會幫他穿上紗布衣、包包巾，有的還會送濕紙巾、尿布或奶粉等等。另外月子中心在入住和離開時也會送幾樣禮物，建議事先電話確認，就不會重複買了。

{給寶寶的待產包用品}

住院時寶寶需要的東西，大部分醫院會提供，只要準備出院時會用到的，裝進一個小包包就可以了。建議準備嬰兒服（紗布衣）、紗布帽、包巾、嬰兒用小被子、尿布、濕紙巾和紗布巾。出院後回家或去月子中心時，別忘了先在車上裝好嬰兒用安全座椅，讓寶寶安全乘坐。另外，寶寶包包巾時還不需要用到手套和襪子，可以之後再看情況添購。

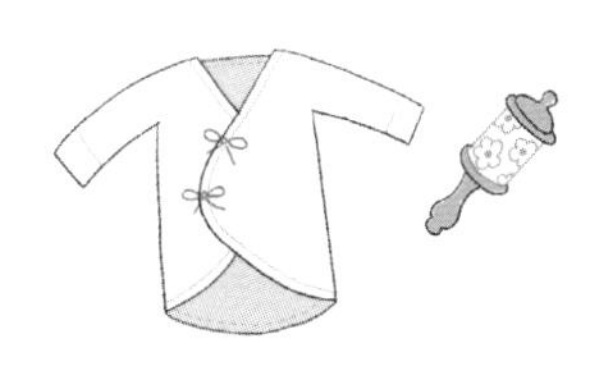

{去月子中心的待產包用品}

當惡露的量變少後，就可以用一般夜用衛生棉代替產後衛生棉（產褥墊），另外要準備睡褲和多一點內衣、襪子（睡覺用）。還可以帶保溫瓶、喜歡的茶，及產後補充的營養品等。如果帶著育兒書和讓寶寶練習對焦的書、波浪鼓、吊掛玩具等，跟寶寶互動時都可以派上用場。

不是冬天、很冷的話，其實不太需要厚厚的連帽包毯，建議買嬰兒用毯子來代替，用途比較廣。如果先買了嬰兒車用的推車毯或外出包毯，也可以拿來當包被、包毯。

前輩媽媽告訴你產後用品選擇祕技

醫院附近都有專門賣產後用品的店家，一走進去就會莫名地好像有種壓力，覺得什麼都要買回去才安心。不過，本來要自然產的可能後來變成要剖腹產、本來要親餵母乳卻不順利而得要改餵奶粉……，事情常常都跟自己想得不一樣。所以還是要看當下的實際情況來買，才不會花一堆冤枉錢。尤其哺乳用品的種類實在太多了，建議等確定要用到的時候再買就好。

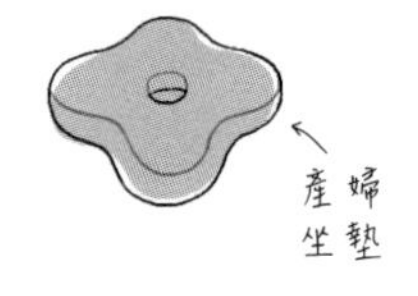

｛不用準備的產後用品｝

產婦坐墊　自然產會切會陰，產婦坐墊就是為了減緩產後傷口的不適而準備的，通常醫院或月子中心都會提供。會陰傷口一般在產後 1 到 2 週內就會癒合，如果出院後會直接入住月子中心就不用另外買，不確定的話也可以事先跟月子中心確認。

｛建議先準備好的產後用品｝

束腹帶　通常會建議剖腹產的媽咪使用，主要功能是可以固定傷口，避免活動的時候拉到，藉此減緩疼痛、幫助癒合，讓媽媽要坐下或挺直腰走路都比較方便。有些醫院會建議先準備，也有些醫院會在術後主動提供，可以先向醫院詢問。束腹帶在術後就馬上需要，提前準備會比較好，不用買特別貴的，準備有基本功能的簡易型就可以了。

有些醫生怕傷口不透氣，不建議用束腹帶。所以，與其買很貴的束腹帶，不如添購比較便宜的基本型束腹帶。醫院附近的藥局或醫療用品專賣店都可以買得到。

彈性襪　彈性襪可以預防剖腹產後的淺部血栓靜脈炎並減輕水腫，滿多醫院都會建議事先準備。有少數媽咪會因為水腫太過嚴重，而完全穿不下，不過有滿多媽咪穿了之後，發現真的能消腫不少，所以還是會建議準備一雙。很多媽咪第一次穿彈性襪都會覺得很難穿，不過別因為心急就用力拉，這樣彈性襪無法平均加壓，反而會讓效果減半。記得清洗彈性襪的時候要用手洗，不要烘乾、脫水。

彈性襪可以分尺寸買，選擇拉到膝蓋的膝下型，穿起來比較不會那麼憋。

護腕　產後關節會變得比較脆弱，在抱小孩或哺乳的時候，最好使用護腕保護手腕關節。護腕種類很多，建議買可以調整尺寸的基本款。

護腕種類太多，我一直不知道要買哪種，後來我在藥局買了可以調整尺寸的護腕，還滿好用的。生產醫院附近的藥局有各種的產後用品，建議媽咪們在產前先去逛一逛。

{建議先準備好的哺乳用品}

哺乳內衣　如果生完就想嘗試哺乳，從住院那時開始就可以穿哺乳內衣。有各種不同開扣方式的哺乳內衣，產後坐月子期間一定要選前開扣式的，胸部會比較舒服。溢乳墊的話，因為每個媽咪的母乳量不同，不一定會用到，先買一點就好。

{可以慢慢添購的哺乳用品}

哺乳枕　一般醫院或月子中心都會有，可以先用，等找到適合自己的款式再買也不遲。因為有些人抱著寶寶哺乳越來越熟練之後，就不會再用到哺乳枕了。

我本來預計要餵母乳，連擠乳器都買好了，結果後來餵奶粉，擠乳器一次都沒用到。餵母乳會有很多變數，所以哺乳用品真的等需要再買就好。

擠乳器、母乳袋、乳頭護理霜　常常有媽咪會因為母乳分泌的量不足，或是寶寶不知道怎麼吸奶而無法順利餵母乳。通常月子中心都有擠乳器，等確認母乳量之後再買就行了。假如母乳量很多，用擠乳器擠出初乳之後就需要裝母乳袋保存；如果寶寶不太會吸奶、讓乳頭受傷的話，就會需要乳頭護理霜。這些產品可以等需要再買，不過若時候到了才急著亂找就會不知道要買哪一種，建議要事先做功課、在產前就決定好要買哪種產品，有需要時就可以立刻添購。

❶ 要事先買好－束腹帶、彈性襪、哺乳內衣、護腕
❷ 需要時再買－擠乳器、母乳袋、哺乳枕、乳頭護理霜

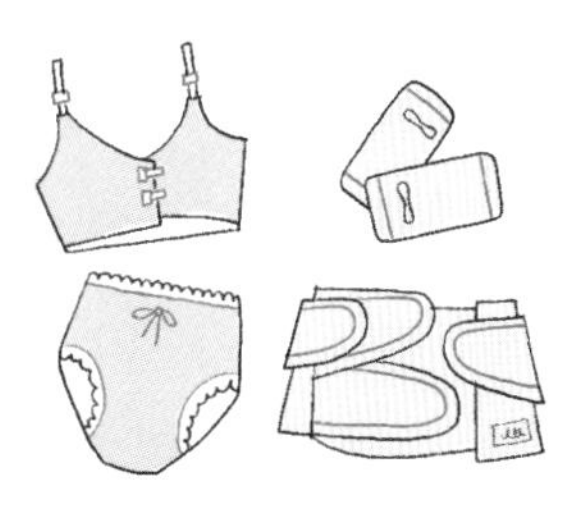

前輩媽媽告訴你懷孕後期身體變化

到了懷孕後期，身體狀況會跟懷孕中期有很大的不同。子宮逐漸撐大之後會壓迫到腸胃和肺，導致胃酸逆流、經常脹氣、噁心，或是覺得喘不過氣來。肚子每天明顯變大，連覺都睡不好，如果先瞭解懷孕後期的身體變化，就可以更聰明地面對和處理了。

從懷孕後期開始持續按摩胸部，對於產後哺乳會很有幫助。不過，如果有宮縮現象的人可能會造成早產，要避免按摩刺激。

｛懷孕後期出現的身體變化｝

便秘　子宮變大壓迫到腸道，經常會造成便秘。為了排出較硬的便便而用力過度，就容易造成痔瘡。記得多多攝取纖維素，並用盆浴的方式洗澡。

抽筋　因為血液循環變差，容易造成大腿發麻、小腿和腳板抽筋。注意要盡量避免久站，也要管理體重。

呼吸困難　子宮壓迫到心臟和血管，會容易氣喘、胸悶或心悸。媽咪覺得累的時候，就要立刻休息。

懷孕時很容易有皮膚問題，盡量避免刺激性的濃妝，最多上基本底妝就好，尤其要多注意保濕。預防紫外線的防曬乳一定會用到，在室內最好也擦些基礎防曬乳。要攝取充足水分，同時也要睡眠充足，對膚況會有幫助。

靜脈瘤　靜脈血液鬱積、有瘤狀突起稱為靜脈瘤，好發於大腿和小腿。這時應該要無條件休息。

腰痛　肚子逐漸隆起，身體重心會前傾，容易出現腰痛的症狀。建議媽咪要常把腰挺直，或用托腹帶托住肚子，另外，用熱敷和按摩也很有效。

尿失禁　子宮變大壓迫到膀胱，常會造成漏尿或尿失禁的問題。持續做凱格爾運動（骨盆底肌肉收縮），會很有幫助。

乳頭分泌物　懷孕後期有時會有乳汁跑出來，只要在洗澡時用清水洗淨乳頭，用毛巾擦乾即可。

頻尿　胎位下降壓迫到腸道和膀胱，會造成常常有尿意，上完廁所也會覺得好像沒尿乾淨、不太舒暢。

前輩媽媽強力推薦！懷孕後期 5 大產品

懷孕後期孕肚會像吹氣球一樣大幅隆起，不論睡覺、呼吸或走路，沒有一件事是輕鬆的。這裡推薦幾款懷孕後期產品，讓媽咪們脫離懷孕後期生活地獄！

TUMS 含鈣胃錠

TUMS 含鈣胃錠是成分天然的一種制酸錠，懷孕的時候吃也不用擔心。國內實體賣場沒有賣，不過可以在網路上找到或請人代購。

假如因為認為 TUMS 成分安全就服用過量，可能會出現高鉀血症。每一錠含有 200mg 的鈣，孕婦一天鈣的適當攝取量為 700mg ～ 1000mg，服用時不可超過建議攝取量。

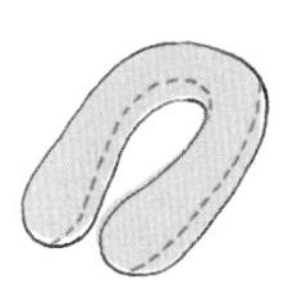

孕婦枕（月亮枕）

大腹便便、難以入睡時，就需要一個孕婦枕。可能有人覺得：「有常用到一定要買嗎？」其實，能讓你多一天好眠就值回票價了。而且之後也能當哺乳枕使用，睡不好的媽咪準備一個吧！

因為孕婦枕比較鬆軟、哺乳枕比較結實，所以我兩種都買了。如果想買可以通用的產品，就挑結實一點的一字型或 L 型枕吧！

孕產內衣褲

懷孕後期肚子會急速變大隆起、胸部也會變大，會建議買能包覆但不會勒到肚子的內褲，以及孕產內衣。內衣太緊會壓迫到乳腺、抑制乳腺成長，嚴重的話還會引發乳腺炎。

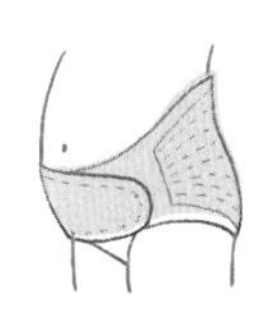

托腹帶

托腹帶可以有效減緩腰痛，因為能支撐腹部和腰部，托起沉甸甸的肚子。產後的束腹帶則是有相反的效果，主要用途是將肚子往內壓，並矯正骨盆和腰部。

比起買那種懷孕、生產都可以用的產品，挑選適合每個時期、功能單一的產品反而會比較便宜，用起來也比較舒服。尤其是托腹帶和束腹帶，建議分開買會比較好。

椰子油

很多人會買妊娠霜或妊娠油來預防妊娠紋，也有人推薦椰子油。椰子油可以減緩搔癢，也可以防止妊娠紋，最棒的是它價格相當便宜。如果膚質跟椰子油不合，試試荷荷芭油也很不錯。

Q1 怎麼預防妊娠紋？

想預防妊娠紋的話，要從肚子開始明顯隆起之前、大概懷孕 5、6 個月的時候就要開始護理，才會有效果。也有人生完之後，妊娠紋一直都沒有消掉，可選擇用雷射處理。

到了懷孕後期，胸部變大、肚子急速隆起，體型上會巨大改變。這時候肚子、胸部、大腿和臀部的皮膚會被撐開變薄、裂開，出現彎彎曲曲的紫紅色紋路，這就是妊娠紋，又叫做萎縮紋。

妊娠紋生成的原因在於皮膚的構造，皮膚由外而內依序是表皮、真皮和皮下組織。表皮的延展性比較好、可以負荷被撐大的肚子，但是真皮和皮下組織沒有延展性，所以被撐大、裂開之後就會出現彎彎曲曲的紋路。有妊娠紋出現的地方，會比一般正常的皮膚還要再略微凹陷一點，用手去摸的時候有凹凹凸凸的感覺。

生產之後，妊娠紋會逐漸轉淡、變成白色，不過只要生成了，那痕跡就會一直存在，所以事先預防很重要。從懷孕中期開始，一有空檔就要在容易脹大的肚子、胸部、大腿和臀部等部位，抹上妊娠油或妊娠霜勤加按摩，幫助皮膚維持良好的延展性，就能減少妊娠紋的生成。如果想預防妊娠紋，另外一點也很重要的就是要控制體重。體重一點一點慢慢增加而非快速暴增的話，皮膚就能跟著慢慢延展、適應，也比較不會出現妊娠紋。

按摩預防妊娠紋

肚子　以肚臍為中心，朝放射狀的方向按摩。

　　　順時針方向畫圈按摩。

胸部　從下往上畫圈按摩

臀部　從下往上按摩

大腿　在大腿內側由下往上按摩

Q2 懷孕後期胖太多了，我還可以像現在這樣吃嗎？

「一到懷孕後期就胖了很多，雖然會擔心自己的身體走樣，但是肚子裡的寶寶又好像需要很多營養，根本沒辦法不吃啊！」你也常聽到有人這樣說嗎？其實體重過重的人，身上本來就已經帶著多出來的能量，所以完全不需要再吃得比平常多。相反地，有體重過輕問題的媽媽才真的需要稍微多吃一點。

懷孕初期因為有孕吐現象，體重只會增加一點點，不過越到後期，體重就越會飛快增加。扣除懷雙胞胎的情況，懷孕包含胎兒、胎盤和羊水的總重量，最重會到 5.2 公斤；子宮、血液增加量，及乳房增加的重量是 4.1 公斤；母體的脂肪量則有 3.6 公斤，正常來說，媽咪的體重總共會增加 10 ～ 13 公斤左右。

萬一體重增加情形已經遠超過正常應該增加的量，或是懷孕後期的體重每個月增加超過 3 公斤以上，就必須進行體重管理。如果母體供給過多的養分、導致孩子變成巨嬰，之後罹患糖尿病的風險就會提高，此外也可能併發妊娠毒血症、子癇前症，或腎臟、心臟異常等症狀，所以一定要尋求醫生的協助。

懷孕後期最好的養分攝取方式，就是一天三餐，兩餐之間可以吃點簡單的點心。需要體重管理時就省略點心，這樣很方便吧？

到了懷孕後期，每個禮拜都要測量並管理好體重。體重過輕的人建議每週增加 0.45 公斤，體重過重的人則建議每週增加 0.23 公斤。正常體重的媽咪如果一個月增加 3 公斤以上，就需要控制了。

懷孕時建議產婦的體重增加量

	體重區間（BMI）	建議的體重增加量
體重過輕	19.8kg ／ m^2 以下	12.5 ～ 18kg
正常體重	19.9 ～ 26kg ／ m^2	11.5 ～ 16kg
體重過重	26 ～ 29kg ／ m^2	7 ～ 11.5kg
肥胖	29kg ／ m^2 以上	最多 6 kg

$$\text{BMI} = \frac{\text{懷孕前體重（kg）}}{\text{身高} \times \text{身高（m）}}$$

Q3 聽說懷孕不能吃的那些東西真的不能吃嗎？

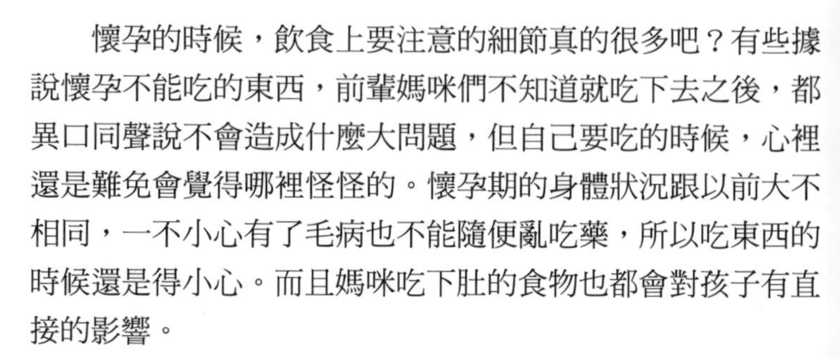

懷孕的時候，飲食上要注意的細節真的很多吧？有些據說懷孕不能吃的東西，前輩媽咪們不知道就吃下去之後，都異口同聲說不會造成什麼大問題，但自己要吃的時候，心裡還是難免會覺得哪裡怪怪的。懷孕期的身體狀況跟以前大不相同，一不小心有了毛病也不能隨便亂吃藥，所以吃東西的時候還是得小心。而且媽咪吃下肚的食物也都會對孩子有直接的影響。

很多媽咪會煩惱說懷孕時能不能吃生魚片？其實如果不是常吃像鮪魚那麼大的深海魚，懷孕時吃點新鮮的生魚片是沒關係的。除此之外的食物，只要不是吃到過量，基本上不會有太大的問題。

不過，平常就不適合自己體質的食物，例如：吃了麩質食物就會消化不良的人，當然懷孕時也不要吃比較好。即食食品、太鹹太辣的食物因為含鹽量高，容易引發妊娠疾病或讓水腫更嚴重，會建議不要吃或少量就好；會讓肚子不舒服、疼痛的冰冷食物最好也要節制。含有咖啡因的咖啡或茶會妨礙胎兒分泌生長激素，如果真的想喝，一天最好不要喝超過一杯的攝取量。

雖然知道懷孕最好不要吃泡麵之類的即食食品，但偶爾還是會嘴饞。這種時候，我會挑比較不含添加物的產品，外加很多蔬菜，然後只喝一點點湯，用這些訣竅來吃。這樣比你一直忍到覺得有壓力好。

即食食品、碳酸飲料、沒洗過的蔬菜、很鹹的食物、像鮪魚這種汞含量很高的大型魚類、咖啡因、含戴奧辛的食物、沒熟的肉……等等，為了寶寶著想，這些在懷孕時期都不建議攝取。

❶ 避開本來就不適合自己體質的食物
❷ 即食食品、太鹹太辣的食物會讓水腫更嚴重，要少吃
❸ 咖啡因會妨礙生長激素分泌，咖啡或茶一天最多只能喝一杯
❹ 會讓肚子不舒服的冰冷食物要節制

Q4 聽說懷孕吃的東西會決定寶寶有沒有異位性皮膚炎？

實際上並不會因為懷孕的時候吃了一些容易引起過敏的食物，就造成孩子過敏。舉例來說，不會因為媽媽吃了水蜜桃，寶寶就出現原本沒有的水蜜桃過敏症。不過如果有家族病史，或是孕婦自己本身就有過敏現象的話，就要小心那方面的食物。

到目前為止，還沒有確實發現異位性皮膚炎發生的原因，但有研究指出，如果懷孕過程中維他命 B_3（菸鹼酸）攝取的量不足，一歲以下的寶寶出現異位性皮膚炎的風險性就會跟著提高；另外也有研究結果發現，懷孕期間媽媽經常喝碳酸飲料，小孩發生異位性皮膚炎的機率就會是一般寶寶的 2 倍以上。因此，從相對的角度來看，為了孩子的健康著想，孕期中最好多多補充維他命，並且盡可能地避免喝碳酸飲料。

為了預防即將出生的寶寶出現過敏症狀，最好的方法就是均衡攝取我們一般熟知對身體有益處的食物。自然主義專家在關於懷孕的資料提到，高熱量、油膩或辛辣的食物會讓孕婦變成燥熱體質。如果媽咪比較燥熱，寶寶可能會出現胎熱或異位性皮膚炎等現象，所以也有人建議媽咪們要盡量避開肉類、太油膩、太辛辣和過鹹的食物，在這裡提供各位媽媽作參考。

我自己下載了計算熱量和進食管理的 APP 來管理自己的飲食，可以掌握、管理自己吃了哪些東西，我覺得滿好用的。

懷孕過程中不需要特別為了預防異位性皮膚炎而調整飲食，不過生產後至少餵母乳 4 個月，對預防異位性皮膚炎滿有幫助的，哺乳期間也建議避開牛奶、雞蛋、花生、魚類之類容易引發過敏症狀的食物。

雞肉、豬肉、魚類、豆類、菇類等食物都富含維他命 B_3。至於維他命 B_3 和異位性皮膚炎的相關性，還有待研究。

❶ 避開有家族病史，或自己過敏的食物
❷ 避開碳酸飲料和即食食品
❸ 補充維他命

Q5 懷孕後期 建議補充什麼營養素？

聞到腥味會反胃、又擔心重金屬問題，讓你看到魚油就怕的話，就改吃植物性藻油 DHA 來補充 Omega-3 吧！價格雖然貴了一些，但吃起來不會不舒服，吃素的孕婦也適合。

健康的孕婦可以從牛奶、起司、鯷魚、杏仁等食物中攝取鈣質，不需要另外吃鈣片。不過如果從飲食攝取的量不夠，或是本身就缺鈣的人，可以補充鈣片，對之後可能出現的妊娠高血壓也有調節作用。不過鈣會妨礙維他命的吸收，一定要把時間隔開來補充。

葉酸是細胞分裂、成長的必需營養素，在懷孕初期就一定要補充。葉酸缺乏時，胎兒的神經發育會出現問題，形成畸形兒的機率就會變高。不過從懷孕中期開始，就不需要另外補充葉酸了。

營養品帶了一大堆，卻常常忘了吃嗎？就算覺得麻煩，也別忘記補充喔！到了懷孕後期，無法光靠吃進去的食物攝取到足夠的營養素。如果想要寶寶健康又聰明，一定要補充鐵劑、綜合維他命，還有 Omega 3 這三種營養素喔！怕忘記可以設定鬧鈴提醒自己。

懷孕後期一定要攝取的營養素

鐵劑　從懷孕中期到後期，需要的鐵質是平常的兩倍，很難只靠食物攝取到足夠的量，所以每天要吃鐵劑來補充鐵質。如果這時期沒有額外攝取鐵質，出現缺鐵性貧血症狀的話，可能會導致胎兒體重過輕，或增加早產的風險。

孕婦建議攝取量：一天 30mg 以上

維他命 D　維他命 D 在調節鈣和磷方面扮演重要角色，也能提高免疫和代謝功能。有研究結果顯示，維他命 D 不足時，對胎兒骨骼的形成、還有出生時的體重都會造成影響。此外，妊娠糖尿病或妊娠高血壓等孕期典型併發症，發生率也會跟著提高。女性普遍維他命 D 都攝取不足，而孕婦需要攝取的量比一般建議量還要多，所以會建議孕婦可以吃強化補充維他命 D 的綜合維他命。

孕婦建議攝取量：維他命 D 一天 1000 ～ 2000IU

Omega-3　Omega-3 是形成我們身體細胞膜的主要成分，人體內無法自行生成，一定要透過飲食或補充營養素來攝取。若 Omega-3 攝取量太少，發生妊娠毒血症、早產和產後憂鬱症的機率就會大幅提高，也會對母乳的品質造成影響。懷孕時適當攝取 Omega-3，對胎兒的視力和記憶力都很有幫助，也能減緩過敏症狀。

孕婦建議攝取量：DHA（屬於 Omega-3 的一種）一天 300mg ～ 500mg

Q6 懷孕可以染燙頭髮、化妝、泡溫泉嗎？

看到自己亂糟糟的頭髮和浮腫的臉就覺得很討厭，很想投資些什麼在自己身上，可是為什麼不能做的事情這麼多啊……雖然覺得心癢難耐，但下列幾點還是要小心為妙。為了寶寶的健康，就閉上眼睛忍耐幾個月吧！

有美白功能的化妝、保養品，成分可能都不太安全，雖然覺得很麻煩，不過我會直接在臉上塗滿保濕乳霜來代替。買新的保養品時，我也都會上網確認成分。

懷孕後期要小心的事

燙髮和染髮　燙髮劑和染髮劑中有各種化學成分，就算是極少的量也可能會移轉到胎兒身上、造成影響。而且，到了懷孕後期，會建議不要連續同一個姿勢坐 2 ～ 3 小時以上，這樣對肚子和腰部都是很大的負擔。生產後則是因為要餵母奶，比較難燙髮或染髮。所以如果想染燙，會建議選在懷孕滿 12 週之後的懷孕中期進行。

化妝、保養品使用　要特別小心「鄰苯二甲酸酯（Phthalate）」以及「視黃醇（A 酸，Retinoid）」這兩種成分。很多洗髮精、香皂、香水、指甲油、防曬乳之類的產品都含有鄰苯二甲酸酯（二苯酮 Benzophenone 、二苯酮 -3 Oxybenzone 等）。研究結果指出，孕婦過度暴露在這些物質中，孩子的智商會比同齡小孩低。視黃醇成分可以改善皺紋，主要被使用在防皺抗老的保養品中，為了避免因疏忽而使用到此成分，會建議完全避免使用眼霜或高單價的多效能保養品比較好。

泡溫泉　不論是要去泡大眾浴池，或是讓身體泡熱水都必須非常小心。浸泡在 40 度以上的熱水中超過 10 分鐘，體溫上升可能會導致胎兒的神經系統出現異常，或造成流產。另外，如果是懷孕後期有可能會錯過羊水流出來的情形，或是有髒東西跑進去造成陰道發炎。如果真的很想泡湯，建議不要到大眾浴池，而是可以在家裡泡溫水來代替。最後要記得小心不要滑倒喔！

懷孕初期如果孕婦體溫持續高於 38.3 度以上超過 10 分鐘，可能導致自然流產或胎兒畸形，所以不能去三溫暖或汗蒸幕之類的地方。如果懷孕超過 12 週，可以泡在溫水裡 5 分鐘左右，不會有大礙。

Q7 腰好痛，有辦法解決嗎？

到了懷孕後期，比起做新的運動，不如去散步、做一些比較緩和的體操，讓身體覺得舒暢，並培養一些體力。伸展中如果覺得肚子很緊繃或身體太勉強，就要立刻停止。

到了懷孕後期，子宮會漸漸變大、胸廓被往上推，所以會有肋骨痛的現象。另外，身體的重心會往前傾，身體也會分泌荷爾蒙增加骨盆關節的伸縮性，連帶讓腰痛加劇。雖然沒辦法也只能忍，不過以下幾個方法可以幫助減緩疼痛。

預防並改善腰痛的方法

- 注意不要讓體重急遽增加。
- 常把腰挺直並戴上托腹帶。
- 用熱敷或按摩解除疲勞。
- 穿低跟鞋減輕腰部負擔。

有效減緩腰痛的體操

減輕肋骨痛的體操

盤腿坐著，舉起雙臂。吸氣並緩緩將身體傾向一側，直到讓肋下可以完全伸展，之後再慢慢回到原本的位子。另一邊也用同樣的方式伸展，可以重複做幾次。

❶ 跪趴在地上，兩腿打開與肩同寬，把背拉直。

❷ 吐氣將頭往下彎，背部拱成圓弧型。

❸ 吸氣回到動作 1，接著吐氣頭上仰，背下壓。

❹ 吸氣回到原本的姿勢。再重複動作 1 ～ 4。

Q8 我感冒了，可以吃市售感冒藥嗎？

突然生病了卻連個藥都不能吃，哪有比這更難受的？懷孕的時候因為身體的免疫力會跟著下降，很容易染上一般感冒或流行性感冒。一旦得了感冒，不像以前那麼容易好，也常常會發燒。懷孕前只要買個藥來吃就能減緩症狀，可是懷孕時就覺得好像什麼藥都不能吃，常常病得昏天暗地，也只能自己硬撐著。

要是拖到後來讓症狀變嚴重，對寶寶的健康也有不好的影響，發燒燒得很厲害時，可能會造成胎兒的神經受損。所以，懷孕時如果發高燒，一定要吃退燒藥退燒才行。不過，無論哪種類型的藥，都一定要取得醫生的許可再吃，而且也要避免長期服用。

最近有報告指出，如果在懷孕過程中長期服用止痛消炎藥——泰諾（Tylenol），可能會提高小孩出現 ADHD（過動症）的機率；如果服用過量則會造成肝臟受損，因此引發不少爭議。然而，這類內容只能反映部分研究結果，無法代指普遍狀況；而且這是長期服用或服用過量才會出現的問題，因此專家認為，服用量在許可範圍內的話，不會造成問題。相較於其他退燒劑藥物，泰諾相對安全，所以當感冒或其他痛症很難捱時，可以掛號就診，婦產科醫生對於劑量會有一定的衡量標準。

我感冒變嚴重的時候，就去醫院點滴注射那種孕婦可以打的維他命。感冒一下子就好了。

有人在懷孕初期、不知道自己懷孕的狀況下吃了綜合感冒藥，結果後來遺憾地選擇了中止妊娠。不過懷孕到 4 個月時，孩子的胎盤才會完全形成，之前在懷孕初期不小心吃到的某些藥，其實不會造成太大影響。

❶ 多喝熱水、多吃維他命 C 和水果來減緩症狀
❷ 充分休息、睡眠
❸ 這麼做了還是沒有好轉，就去醫院請醫生開藥

Q9 消化不良胃好脹、好痛苦，可以吃幫助消化的藥嗎？

我吃了很有名的孕婦專用消化劑 TUMS，真的很有效。另外我也買了濃縮梅子汁，是我個人很推的助消化產品。

懷孕時內臟被壓迫會常常想要小便，但內臟器官運作減緩，反而容易出現便秘。常常吃治便秘的藥物，可能有引發子宮收縮的危險，建議平常多多吃蔬菜，如果便秘症狀很嚴重，就要詢問醫生、吃孕婦專用的治便秘藥物。

因為肚子變得太大，不管吃什麼好像都下不去，總是覺得消化不良嗎？胎兒變大會擠壓到消化器官，加上產生各種荷爾蒙變化，容易出現消化不良。懷孕後期消化功能變差，要避免吃太多，而且最好少量多餐。當然也要避開油膩、冰冷的食物喔！

胃脹感加重時，可以吃一兩次消化劑或腸胃藥，但如果症狀變得很嚴重，就要到醫院讓醫生開適合孕婦的藥物，媽媽們不要硬撐。

胃覺得刺痛、出現胃炎或胃食道逆流時，醫院會推薦含有藻膠酸成分的藥物。藻膠酸是藻類中滑滑的黏液，能有效保護黏膜。嘉胃斯康也是一種含藻膠酸的胃藥。

如果有消化不良的狀況，但還沒有嚴重到需要去醫院的話，可以試試吃 TUMS 含鈣胃錠或喝些梅子汁幫助消化。另外，也可以輕揉肚臍上方到胸部之間，或用拇指用力按壓掌心，這些方法都能有助於消化。

減緩便秘的體操

便秘症狀很嚴重時，坐著左右轉動腰部也很有效。

❶ 坐在地板上把雙膝併攏，這時雙手放在後方將身體撐起來。

❷ 吸氣慢慢把雙膝倒向一邊，吐氣回到原本姿勢，另一邊也重複相同動作。

Q10 無時無刻不在癢，妊娠搔癢症有解決方法嗎？

懷孕中期之後，身體就癢得讓你快受不了嗎？並不是每個孕媽咪都會出現搔癢症狀，不過一到懷孕後期，肚子、腳和胸部等部位的搔癢症狀，往往都會變得更嚴重。如果嚴重到全身都變紅，一定要就醫請醫生開藥膏。有些孕婦擔心孩子也會跟媽媽一樣出現搔癢症狀，不過妊娠搔癢症是因為媽媽在懷孕期間荷爾蒙變化而產生的，不會影響到孩子，不需要太擔心。

妊娠搔癢症是一種免疫疾病，是體內因為懷孕出現不平衡狀態而發生的。如果症狀輕微，只要改變生活習慣就會好轉，但如果症狀嚴重，醫生就會使用含有抗組織胺及類固醇成分的藥膏。

處理妊娠搔癢症的方法

減少皮膚刺激　內衣、外衣盡量挑柔軟的棉質布料，另外，最好選擇透氣、寬鬆，比較不貼身的衣服，這樣的話，就能將皮膚的刺激降到最低。

做好保濕　用不會讓人流汗的溫水沖澡後，擦上足量的油或保濕乳液，讓肌膚不乾燥。在搔癢部位塗上孕婦專用的妊娠霜或蘆薈凝膠，也很有幫助。

慎選飲食　避免動物性脂肪、麵粉製食物、即食食品，或刺激性的食物，也可幫助預防搔癢症。

家中保持涼爽　家裡的環境如果又熱又濕，搔癢症的症狀就會變得更加嚴重，因此盡量讓家中保持涼爽。也可以放冰袋在搔癢的部位冰敷。

我曾因妊娠搔癢症嚴重到晚上都睡不著，不但起很多疹子，還像燙傷一樣整片紅紅的。我一直忍，忍到後來才去醫院拿處方藥膏回來擦，結果馬上就好了。雖然我很不想擦有類固醇成分的藥，但後來覺得，與其一直承受睡不著的壓力，不如讓它趕快好。

1. 用溫水沖澡並擦上足量的保濕乳液
2. 穿透氣的棉質衣服
3. 多吃蔬菜、水果等新鮮食物
4. 請醫生開藥膏來擦

Q11 懷孕時，不能貼藥用貼布或點眼藥嗎？

懷孕時不只是口服藥，連外擦用藥也會讓你變得神經兮兮的，對吧？不過，擦在外面或貼在皮膚上的外用藥，真的統統不能用嗎？

懷孕的時候如果出現傷口，美加絲軟膏、膚即淨乳膏、消毒藥水、紅藥水（優碘）等藥品，不論粉末狀或藥膏型態都可以使用。但不管是什麼藥品，長期或大範圍使用對孕婦都不好，最好等必要時再擦。

有時遇到眼睛不舒服會需要點眼藥，如果適量使用，因為進入身體的劑量相當少，所以不需要擔心會因為這樣而影響到寶寶。此外，如果有鼻炎或鼻塞等症狀也會用到鼻噴劑，這些藥物幾乎不會被身體吸收，懷孕的媽媽也可以放心使用。

不過使用貼布就要注意了，含有「可多普洛菲」的消炎止痛藥可能會造成胎兒動脈導管閉鎖，會建議不要使用這種藥，而是改用不那麼燙的毛巾熱敷取代貼布，或是利用按摩緩和疼痛，是比較安全的方法。最近很多媽媽會用添加薄荷醇等天然成分的天然貼布，另外像是甦活保濕腿部凍露這類的產品，氣味沒那麼重，而且成分也很天然，許多媽媽也很推薦。

前輩媽媽妙招

我肩膀非常痛，就自製了麵粉貼布來用用看，麵粉和鹽巴的比例我抓 7：3，然後用蜂蜜調濃稠度，接著貼在痛的地方並用紗布包裹，疼痛真的減緩許多。

前輩媽媽妙招

我用過一些成分天然的貼布，氣味不刺鼻，滿好用的。如果對成分有疑慮，可以直接拿到藥局或醫院諮詢後會更安心。

❶ 手腕疼痛時使用護腕
❷ 腰部等肌肉痛時使用熱敷袋
❸ 自製天然貼布或麵粉貼布來使用

Q12 我的牙齦腫脹出血，可以去看牙醫嗎？

懷孕時因為女性荷爾蒙增加、血壓上升，會造成孕婦有敏感性牙齒；而且刷牙稍微不小心，牙齦就會流血。像這樣牙齦發炎、腫脹，一刷牙就流血的情況，是懷孕時最常見的牙齦炎症狀。大概在懷孕 2 ～ 3 個月時就會有症狀出現，懷孕 7 ～ 8 個月經歷這個問題的孕婦更是高達 70%，所以又被叫做「妊娠牙齦炎」。

雖然是一種常見的症狀，但要是放著不管、疏於刷牙，就會形成牙周病，甚至造成生產方面的問題，因此一天至少要用軟毛牙刷刷 2 次牙以上。

如果口中發出難聞的臭味，最好同時看婦產科和牙科，這樣才能得到最適合的治療。研究結果指出，懷孕時罹患牙齦疾病會提高寶寶早產或體重過輕的發生率，所以一味忍耐絕對不是一個好辦法。

到了懷孕中期的安全期，就可以治療蛀牙、牙齒矯正或照 X 光，而且也有懷孕時可以吃的抗生素和消炎藥，能夠完全治癒。不過如果已經到了懷孕後期，各種跟生產有關的風險都會隨之而來，建議先請醫生幫忙做緊急處理就好，剩下的其他療程等順利生產完之後，再請牙醫評估並接受治療會比較妥當。

我之前是用孕婦專用的軟毛牙刷，雖然刷起來沒那麼痛快，但牙齦完全不痛，很不錯。

我會反胃，很難挑到適合的牙膏，後來我用孕婦專用的牙膏，溫和不刺激、用起來很舒服。用鹽巴或兒童用的牙膏也很好用。

平常就要用孕婦專用牙刷和牙膏好好刷牙，用含氟成分的牙膏、電動牙刷、牙線、牙間刷等產品仔細清潔牙縫，可以有效減緩牙齦腫脹和出血症狀。

- 平常用軟毛牙刷，一天刷牙 2 次以上
- 懷孕中期可接受治療
- 懷孕後期先靠臨時治療撐一下

Q13 手腳腫脹痠麻好痛苦，怎麼做才能減緩？

杏仁有助於排出體內堆積的老廢物質，對於改善懷孕後期的水腫相當有效。我有空就會吃，效果真的很好。

越到懷孕後期，水腫就會變得越嚴重，尤其是小腿和腳踝的地方，都腫得很厲害吧？隨著子宮變大，會妨礙身體的血液循環，再加上孕婦體液中物質失衡，就會出現水腫。水腫很常見，幾乎一半以上的孕婦都曾經歷過，只要充分休息之後就會好轉，不需要太過擔心。

如果有腿部水腫的問題，可以做一些腳趾收放這類的伸展運動來幫助舒緩，媽咪們可以坐著伸直雙腿，將腳趾收緊再鬆開，反覆做個幾次。血液循環不好的話，腿就會很容易抽筋，這時可以把腿伸直，讓腳尖往腳背的方向拉，伸展並放鬆小腿肚附近的肌肉，就不會再繼續抽筋。把下肢泡在溫暖的水中做足浴、一邊用手去按摩雙腳，效果會更加明顯。

但是如果發現自己出現全身性的水腫，而且用手指按壓小腿或手腕內側等地方之後，凹下去的皮膚過一陣子都沒有恢復原狀的話，就要小心有可能是妊娠毒血症，一定要去找醫生進一步做更詳細的檢查。

舒緩腿部水腫的體操

❶ 雙腿伸直，腳趾朝身體的方向拉一陣子再向前壓平。

❷ 雙腿伸直，用手將腳尖拉往腳背方向、放鬆小腿肌肉。

Q14 據說浮腫很嚴重可能是妊娠毒血症？要怎麼判斷？

所謂的妊娠毒血症，是一種只會在懷孕中期發生、產後就會消失的高血壓症狀，發病的機率約占所有孕婦的 5%，主要發生在懷孕 20 週後。如果得了妊娠毒血症，可能會提高早產風險，假如又出現胎盤早期剝離的症狀，嚴重者甚至可能危及媽媽和胎兒的生命。

妊娠毒血症可以透過測量血壓和驗尿來檢測，如果這兩項檢查的結果判斷可能有妊娠毒血症的話，就要住院接受更進一步的檢查。一旦確診是妊娠毒血症，就要進行飲食療法並調節到適當體重，防止症狀惡化，症狀太過嚴重時就需要住院接受治療。

妊娠毒血症的警訊

體重增加　最典型的症狀就是體重不正常增加。懷孕 7 個月後如果體重一週增加超過 1 公斤以上、或是一個月增加 3 公斤以上，就要懷疑可能是妊娠毒血症。

嚴重水腫　充分休息了也還是一直水腫，或是連臉和手都有浮腫跡象時，請用手按壓小腿前側、骨頭旁皮膚比較薄的位置，如果留下凹陷痕跡，就必須到醫院徹底檢查。

頭痛、視力異常、蛋白尿　如果持續頭痛很久、視力變得模糊，或出現尿蛋白的症狀，就有可能是妊娠毒血症。

我到懷孕後期體重增加得很厲害，擔心自己是妊娠毒血症，就住院接受治療。想預防妊娠毒血症，就要少吃鹹的，也要管理體重。

罹患妊娠毒血症的高危險群：①35 歲以上高齡產婦 ②懷雙胞胎 ③嗜吃過鹹的食物 ④有高血壓家族病史。

並不是罹患妊娠毒血症就一定要動手術，如果症狀輕微，而且離預產期還有一段時間，還是可以自然產。不過，症狀相當嚴重、離預產期也沒剩多少時間的話，會建議剖腹產，因為要是胎盤無法發揮機能，產婦和胎兒都會有危險。

檢查妊娠毒血症的症狀（符合 3 種以上請到醫院檢查）
－體重突然增加／腹痛（心口或右上腹疼痛）／出現頭痛／視力模糊／血壓高於 140/90mmHg ／尿液量減少／水腫

Q15 婦幼用品大展要怎麼逛比較好？

前輩媽媽妙招

參觀之前可以先注意一下展覽的簡歷和規模，資歷越久且常態性的展覽，資源越豐富。通常買到一定金額以上就可以宅配到府，購買大體積的用品時，一定要確認有沒有提供宅配服務。

前輩媽媽妙招

嬰兒車和嬰兒座椅還是實際看到東西再買會比較好，所以我在去婦幼展之前，就先把想買的牌子和價格都查清楚了。展覽裡面的嬰兒衣和用品種類也很多，很值得去逛一逛。

婦幼展最大的好處就是能實際看到東西，也能試用看看，感受一下各廠牌之間的差異。現場有折扣優惠，還會送一大堆的贈品、試用品讓你帶走，雖然有點累人，但還是滿值得一逛的。

有媽媽手冊就可以跟老公一起免費入場，提早上網登記還有機會獲得福袋。一般展覽連週末大概會舉行 3 ～ 4 天，如果時間允許可以挑平日避開人潮，而且在一開展的時候到場會比下午好，因為有很多活動贈品都會限量，晚到就會錯過。另外，懷孕後期的媽咪久站容易不舒服，最好選擇距離家裡比較近的婦幼展，拿到相關資料後先研究有興趣的廠商，看位置圖安排最順的行動路線，才不會繞來繞去、多走很多冤枉路。

參加婦幼展之前，建議一定要事先做功課，在網路上找好想買的東西和網購價格後印出來，到展場時就可以直接做比較，並知道現場價格有沒有比較優惠，才不會排隊排了半天反而買貴了。

婦幼展資訊

台北：每年 3 ～ 4 場，分別在春、秋季和年底

台中：每年 2 ～ 3 場，主要在春、秋季

台南、高雄：每年 1 ～ 2 場

* 媽咪們可鎖定上聯、揆眾、承興等幾家大型展覽公司的資訊。

1. 在產前 2 ～ 3 週、決定好要買什麼時去逛展
2. 事先登記就可以免費參觀
3. 列好採購清單，並瞭解網購價格

Q16 參加媽媽教室的方法和祕訣是什麼？

參加媽媽教室之後，看到拿回家的超多贈品，你也覺得很驚訝吧？媽媽教室就是以媽咪為對象舉辦的講座或表演，通常是各類婦幼產品的廠商、婦產科等等所主辦的。參加媽媽教室，除了可以獲得所需的資訊外，還可以拿到多種贈品；只要參加就可以帶走濕紙巾、紗布巾、護膚用品試用包，有的還會抽嬰兒車、安全座椅、奶瓶消毒機等高價產品。不過缺點是，主辦單位通常都會為了打廣告而要你填很多個人資料。你也可以先用電腦打好簡單的基本資料，多印幾份，就不用在現場寫到手痠。

演講內容一般有孕婦體操、胎教音樂會、自製嬰兒衣……等各種主題，有分付費與免費的，建議先到媽咪社群網站上看大家的心得，評估後再選擇報名參加。

5 大媽媽教室

下面挑出免報名費、參加過的媽媽們覺得內容和贈品都不錯的 5 個媽媽教室，提供大家參考。要注意不同場次可能內容和贈品都不同，還有些場次不多，建議先確認日期和地點才不會錯過喔！

- 明治媽媽教室－新手媽咪先修班
  www.meijimama.com.tw/classroom.aspx
- 桂格媽媽教室－桂格愛之樂
  quakerbaby.sfc.sfworldwide.com/motherclasses
- 雀巢媽媽教室
  starthealthy.nestle.com.tw/momclass.aspx
- 美強生優生媽媽教室
  www.enfamamaclass.com.tw/MJNClass
- 卡洛塔妮媽媽教室
  new.karihome.tw/class.php

前輩媽媽妙招

網路上有很多媽咪會定期整理出媽媽教室的資訊和連結，不但可以獲得最新情報，有些連結會直接轉到報名頁面，非常方便。

前輩媽媽妙招

有些媽媽教室非常搶手，根本搶不到位子，最好可以事先多報名一些媽媽教室提高參加機率。有些人後來無法出席也會讓出位子、傳到媽咪社群網站上，可以多上網看看。有的課程只能讓媽媽報名一次，建議確定可以出席的時間再報名。

其他值得一試的媽媽教室

- 貝親媽媽教室
- 貝比卡兒媽媽教室
- 惠氏 S-26 媽咪教室
- 亞培媽咪學苑
- 奇妮媽媽教室（GENNIE'S）

Q17 月子中心、月嫂、婆婆媽媽，坐月子找誰好？

我是第一次生，本來打算在家坐月子，但後來得了乳腺炎，就緊急住進了月子中心。還好有護理人員教我乳房按摩，後來不但乳腺炎好了，還吸收很多哺乳知識、也有人幫我準備三餐，我覺得到月子中心滿不錯的。

媽咪生完之後，生理上大約需要 6 週的恢復期，每個人狀況不同，坐月子的時間一般從 1 個月到 1 個半月不等。剛生完的 1 ～ 2 週，媽媽和寶寶都還在適應期，因此最好能在產前就先瞭解各種坐月子的方式並做好決定。現在能選擇的種類越來越多，建議比較每種方式的優缺點後，依照自己和老公的狀況挑選最適合的。記得喔，「適合自己」才是最重要的，媽咪別太有壓力！

一般產後坐月子的 4 種方案

□ 月子中心：

月子中心的優點是有專業護理人員照顧寶寶，有疑問時都可以諮詢，另外就是讓媽咪有獨立的休息空間，不容易被打擾。還可以自由選擇是否供餐。缺點就是費用比較高。

□ 到府坐月子（月嫂）：

請專人到府服務，時間彈性，分時段制和全天制，優點是可以待在熟悉的環境，由月嫂幫寶寶洗澡、護理……等，有的還能幫忙煮三餐、打理家務。缺點是收費和服務差異大，需要一一面談、協商工作內容。

□ 婆婆媽媽：

優點是不用花大錢，還能享受三代同堂的溫馨親情。缺點是如果在照顧寶寶和調理身體的觀念上不同時，容易造成困擾。

□ 外送月子餐：

直接請廠商提供月子料理，優點是可以針對個人體質、口味挑選，還可以選一天送餐幾次。缺點是食物的保溫和口味都會有差。

前輩媽媽 Case 1 出院後→月子中心

第一次當媽，一切都一知半解，所以我直接選擇了月子中心。在身體恢復的期間，寶寶有人照顧、三餐也都有人準備，讓我不會那麼慌張。我自己是親餵母乳，過程中還出現乳腺炎，還好有護理人員教我處理、幫我按摩才沒有痛苦太久，真心覺得月子中心是新手媽咪不錯的選擇。

前輩媽媽 Case 2 出院後→請 24 小時月嫂

我覺得月子中心的缺點，應該是過度強調一定要餵母乳，還有價格昂貴吧？所以我一開始就想找月嫂，住在家裡方便、家人可以自由進出，而且費用也相對便宜。不過要找月嫂的話，最重要的就是找到適合自己的人！我之前就在媽咪社群網站上爬文，找到的阿姨人非常好，真的很慶幸。

前輩媽媽 Case 3 出院後→月子中心 10 天→回娘家 20 天

我先住月子中心 10 天，學習怎麼照顧寶寶後就回娘家了。我的個性不習慣跟陌生人一起住，所以出月子中心就回娘家請媽媽幫我帶小孩。因為是自己媽媽，我心情很自在、身體也恢復得不錯。不過媽媽為了照顧我和寶寶，幾乎無法好好休息，我覺得滿抱歉的，如果再請一個 8 小時的月嫂來幫忙，媽媽就不用那麼累了。

前輩媽媽 Case 4 出院後→月子中心 3 週→月嫂 4 週（一週 1～2 次）

我住月子中心住了 21 天，有些媽媽住到第 3 個禮拜就很想回家，不過我覺得住久一點，寶寶狀況比較穩定，我身體也可以充分復原加休息。到最後一個禮拜，我還可以暫時外出，跟先生一起回家打包東西、準備嬰兒用品呢！回家之後，我主要請月嫂來幫忙洗寶寶的衣服、打掃，還有煮飯。月嫂約 1 週來 2 次、每次差不多半天，這樣就滿 OK 了。

我請了 2 週上班制的月嫂，後來很後悔沒有請 24 小時住在家裡的。實際照顧孩子後才發現，最累人的就是要日夜顛倒照顧孩子。

Q18 找月子中心要注意什麼？

都花了錢到月子中心了，千萬不要等住完才覺得錢花得冤枉。到底該怎麼選擇月子中心才適合自己呢？

通常最好在產前 4 ～ 5 個月就開始瞭解一下月子中心。決定好適合的地理位置和價格後，列出符合條件的月子中心清單，親自去看看之後再做決定。

一般說的「月子中心」其實分月子中心和產後護理之家，產後護理之家才有專業護理人員，只是我們還是習慣稱為月子中心。到衛福部的網站就可以查到月子中心（產後護理之家）業者是不是合法立案。

產後坐月子時最辛苦的就是餵母乳，一定要確認有沒有人能提供哺乳方面的諮詢，還有寶寶的衛生管理徹不徹底，以及照護人員數量夠不夠等。另外，有沒有小兒科醫生來看診也非常重要，這樣有疑問時可以詢問醫生，寶寶有什麼問題也可以立即發現並處理。

參觀的時候，除了媽媽房之外，也要仔細觀察一下公共設施，挑用餐時間去參觀的話還可以看看他們的菜色如何。如果月子中心有一起吃飯、或是像媽媽教室那樣有跟同期媽媽一起交流的時間，就能彼此交換育兒資訊，或是加入群組，之後還可以聯絡、互相幫忙。

前輩媽媽妙招

月子中心裡會辦各式各樣的活動，不過其實媽媽最重要的就是先好好休息，活動適當參加就好。有滿多媽媽會把重點放在產後按摩上，但也有很多人建議說，剛生完身體還沒完全恢復，不建議立刻就按摩。

前輩媽媽妙招

不用因為可以遇到同期的媽媽，就跑去報月子中心。要遇到跟自己合的人其實沒那麼容易，而且寶寶還很虛弱，很難常常外出，離開月子中心之後要再見面也滿難的。

❶ 考量離家裡、醫院和老公公司的距離來挑地理位置
❷ 瞭解費用、有沒有醫生看診、老公和大寶（第一胎）能否進出等資訊
❸ 參觀月子中心時，要確認新生兒室、媽媽房、服務設施以及菜單
❹ 生完之後跟月子中心聯絡，確認入住時間

Q19 會遇到什麼月嫂全看運氣？好的月嫂怎麼找？

月嫂真的有千千萬萬種，有的媽咪說，自己找的月嫂會幫忙帶孩子，連煮飯、家事也都完美一把罩，真的很幸運；但也有媽咪說自己遇到的月嫂什麼都不會，結果還是統統得由自己做。就算你想換，頂多也只能換一兩次，總不能一直換來換去。

月嫂要實際相處過才能判斷，很難一開始就找到適合的，不過如果事先定出條件，至少可以避免最慘烈的狀況。

我請來的月嫂經驗很豐富，從餵母奶到睡眠訓練都幫了我很多忙。本來他的約已經排到好幾個月之後了，是我們一直拜託仲介公司一定要派經驗最豐富的、最厲害的過來，他才來我們家的。

瞭解到府坐月子（月嫂）仲介公司

如果想找月嫂，應該先挑適合的業者。想知道這間公司值不值得信任、顧客評價如何……等等，也可以到媽咪社群網站上看一下媽媽們的心得、回覆，消息比較正確。網路文章摻雜很多廣告宣傳，所以建議到有嚴格把關的媽咪社群網站，仔細地看一下別人真實的心得，是最好的方法。

選出幾家業者之後，就可以直接打電話過去確認一下各個細節。比如說，有沒有健檢證明、背景資料、專業證照、需要時能不能立刻換人等項目。像這樣多問一些問題的時候，看對方回應的態度，某種程度上也可以感受到能不能信任這家公司。

前輩媽媽
妙招

不要怕麻煩，要盡量把能知道的資訊都瞭解清楚，才能找到適合自己的月嫂。就算是評價很好的仲介公司，也可能會遇到跟自己不合的人，所以在簽約之前要先確認換人要不要加錢、需要什麼條件等。還有，一定要確認能不能事先面試。

溝通服務內容的優先順序

在月嫂來之前，最好先把自己覺得重要的事項告訴對方。例如：第一是寶寶的照顧方式、第二是衛生、第三飲食……，像這樣排好優先順序，告訴對方最重要的幾項一定要做到，其他部分看是要用別的方式處理，或是把其他要求也清楚告訴對方。

萬一你覺得最重要的那幾項要求對方都達不到，建議趕快換人。通常月嫂來幫忙的時間大概 4 週左右，時間一下子就過了。

選擇月嫂時要確認的項目

- 產婦照顧：產後按摩、乳房按摩、產後體操、月子餐準備
- 新生兒照顧：洗澡、餵奶、哭鬧時安撫
- 其他項目：產婦和新生兒衣物清洗、打掃、採買
- 額外費用：費用可能會因為初產 VS 經產、家裡大小、家庭成員數量等條件而改變，要確認有沒有額外費用

前輩媽媽妙招

有些月嫂仲介公司有分級，多付一些錢，請到的月嫂也比較厲害，可以事先申請。每個月嫂都有價格和資歷的差異，盡量找資歷豐富的人來服務會比較安心。

政府孕產婦及新生兒健康資訊

* 孕產婦關懷網站 https://mammy.hpa.gov.tw/
諮詢專線 0800-870-870（抱緊您 抱緊您）
有任何產前、產後親子健康，母乳哺育指導、孕前、孕期、產後營養與體重管理、或身心調適等問題，都可以上網或撥打專線諮詢。

* 送子鳥資訊服務網 https://ibaby.mohw.gov.tw/
從結婚、懷孕、分娩、到新生兒、兒童時期，用時間排序，蒐集整合各階段政府提供的各項服務和資源查詢。還可以依照所在縣市進行搜尋，方便又快速。

* 衛生福利部國民健康署 https://www.hpa.gov.tw
在健康主題中的「全人健康」分類，可以找到孕產婦和嬰幼兒的健康資訊。

* 我的 e 政府 https://www.gov.tw/Default.aspx
點選生育保健或新生兒分類，可以依照需求找到需要的各樣表單，像是：生育津貼申請表、出生登記申請書等。

❶ 選擇月嫂仲介公司
❷ 選好幾間備選名單，打電話確認坐月子細節
❸ 確實告訴對方月子期間及產婦的需求
❹ 確認費用，決定並預約
❺ 產後聯絡對方並確定日期

Q20 母嬰同室？單人房？多人房？該選擇什麼房型？

感覺到產兆，去醫院開始辦理手續的時候，醫院會問你生產完想要選擇母嬰同室，還是一般病房（單人房、雙人房、多人房）。

如果選擇母嬰同室的話，醫院會幫忙把新生兒的床放在旁邊，讓媽媽可以跟孩子待在同一個房間裡，大部分是單人房或雙人房。因為一直跟寶寶在一起，方便袋鼠式護理（媽媽用身體取代保溫箱，給予寶寶類似子宮的溫暖環境）和哺乳，也可以提高全親餵（全程親餵母乳）的機率。不過，因為要一直幫寶寶換尿布、餵奶等，媽媽很難好好休息。

一般病房中的多人房，全天的住房費會由健保給付，但因為需要跟其他人一起待在同一個空間，所以得先做好忍受噪音的準備。雙人房比較能舒服休息，價格也適中，不過有些醫院沒有雙人房，或是可能因為雙人房太受歡迎而一房難求，要先跟醫院確認。單人房的優點是很安靜、還可以自由使用母嬰同室的空間和新生兒房，不過一天就要多付 4 千～8 千不等，住院費相當高。

如果住一般病房，寶寶會送到育嬰室照料，等到要哺乳的時間到了就會來電通知媽媽。雖然可以不用一直照顧小寶寶，不過醫護人員一通知要餵奶，媽媽就得立刻趕去哺乳室，要是媽媽的病房跟育嬰室的距離非常遠，這樣來回移動也可能讓產後媽咪更辛苦。

產前一定要先確認病房跟哺乳室的位置！萬一病房和哺乳室離很遠，還不如乾脆選母嬰同室比較好。即使選了母嬰同室，如果身體狀況很不好，還是可以把孩子交回給育嬰室，建議可以看狀況變通，並善加利用育嬰室。

生產費用

檢查費、住院費、餐費、生產費等加總的費用，還有無痛分娩等費用等等，不同方案的金額也有很大的差異，如果是住要額外付費的高級病房，費用就會很高。（參考 P.16）

❶ 先確定育嬰室和哺乳室的位置，再選擇要不要住一般病房
❷ 如果想增加餵母奶的成功率，就選擇母嬰同室
❸ 就算是母嬰同室，也不要介意把寶寶交給育嬰室

Q21 預產期前 2 個月，我想先瞭解分娩法

隨著居家生產這個概念逐漸廣為人知，近來也有越來越多媽媽會選擇居家生產。然而不論過去或現在，都一樣有子宮破裂的風險，還是會建議在能立刻處理子宮破裂問題的醫院中生產比較好。另外也別忘了要充分地跟專業醫師協商，並持續接受孕產教育喔！

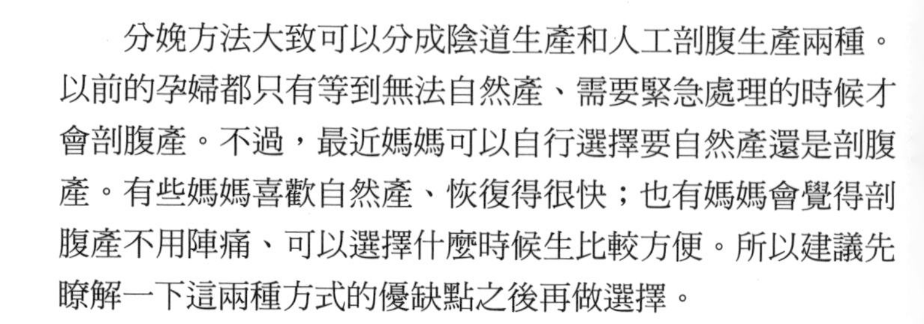

分娩方法大致可以分成陰道生產和人工剖腹生產兩種。以前的孕婦都只有等到無法自然產、需要緊急處理的時候才會剖腹產。不過，最近媽媽可以自行選擇要自然產還是剖腹產。有些媽媽喜歡自然產、恢復得很快；也有媽媽會覺得剖腹產不用陣痛、可以選擇什麼時候生比較方便。所以建議先瞭解一下這兩種方式的優缺點之後再做選擇。

陰道生產

陰道生產的優點是分娩後恢復得比較快，出現產褥期感染、血栓症等併發症的機率低，也很少出現麻醉問題。除了一般的自然陰道分娩外，還有其他方法可以選擇。

無痛分娩　所謂的無痛分娩是指自然產過程中在腰部打麻醉，只麻醉神經減緩痛覺並採用陰道分娩的方式，讓媽媽在無痛、能活動及意識清楚的狀態下生產。方法是在子宮頸開到 3 公分時打麻醉劑，所以還是會像一般產婦一樣經歷初期陣痛，然後等術後麻醉退了之後又會開始覺得痛。雖然有些人擔心產後可能會有副作用而不敢嘗試，不過因為無痛分娩可以減輕 90% 以上的疼痛，還是有很多媽媽會選擇這個方法。

居家生產　一種最自然的分娩法，不用經歷生產尷尬（灌腸、除毛、切會陰），也不需要禁食。生產方式以產婦為主，在浴缸裡放鬆肌肉，或利用生產球等待孩子自然出生。孩子一出生就會進行袋鼠式護理（參考 P.45），等臍帶脈搏停止才會剪斷臍帶。

勒博耶（Leboyer）分娩　將嬰兒在生產過程中感受到的壓力減到最低，營造出最接近子宮的環境。調暗燈光保護胎兒視覺、保持安靜保護胎兒聽覺，然後將寶寶放入相近於羊水溫度的溫水中，直到他能自然適應用肺呼吸，並在分娩 5 分鐘後剪斷臍帶。

拉梅茲分娩　一種訓練呼吸法、放鬆法和聯想法的分娩方式。其中呼吸是最重要的一環，懷孕滿 32 週就應該開始練習拉梅茲呼吸法。如果跟老公一起接受訓練，老公也能在生產的過程中一起參與。另外用聯想法讓腦中浮現最幸福的時光，加上解除身心緊張的放鬆法，這三種方法並行時就能達到最好的效果。

水中分娩　一種在與羊水溫度相近的水中生產的方法，透過讓嬰兒出生環境的條件類似於子宮內的羊水，將嬰兒出生的壓力減到最小。水的浮力能減輕陣痛，讓你不需要止痛藥，而且會陰在水中的彈性會變好，所以也不需要剪開。一般可以在有自然產程序的醫院進行。

剖腹產後之陰道生產（VABC）　這指的是曾經剖腹產的媽媽用自然產的方式生產。如果媽媽以前是因為胎位不正或懷雙胞胎而剖腹產、現在胎兒體重不超過 4 公斤、加上媽媽年齡不超過 35 歲的話，成功率相當高。近來選擇自然產的媽媽慢慢增加，所以做過 VABC 的人也越來越多。

真空吸引術，是將矽膠製的碗狀吸盤貼在胎兒頭部後方，用真空吸引的方式將孩子拉出來。一般是在外部骨盤跟孩子頭部位置不對、無法通過最後產道時短時間使用。

人工剖腹生產

剖腹產包含生產後的後續處理，大約需要 1 小時的時間，雖然術後非常痛，但是過 1 ～ 2 天就可以行走。也有媽媽因為可以無痛處理、自己選好日期，所以偏好剖腹產。35 歲以上的高齡產婦剖腹產的機率會比較高。

剖腹產　胎兒出現問題、或媽媽骨盆和胎兒頭部位置不對，不利於陰道生產；或是像前置胎盤、胎盤早期剝離而大量出血等狀況需要即刻生產，無法等待自然產時就會進行剖腹產。剖腹產是切開產婦的肚子取出胎兒，大多會在恥骨上方 2 指幅度的位置水平切開肚子，抱出寶寶。

如果遇到過期妊娠卻一直都沒有陣痛、已經要臨盆羊水卻很少，或是最近胎動明顯減少等需要立即生產的情況，卻完全沒有陣痛，這時就需要引產。引產是指用人工方式，將前列腺素用於陰道，軟化子宮頸，或用注射刺激子宮收縮。

Q22 聽說事先瞭解生產過程會比較好？

我有事先瞭解生產過程，所以在生的時候比較放心。我在生產過程會跟孩子說說話：「現在你要出來了喔！我們一起加油！」感覺就沒那麼累。

產後大出血 90% 以上會在胎盤排出後 1 小時內發生，這時期又稱為第四產程，或恢復初期。如果產婦的血壓、脈搏等都沒有異常，就可以從恢復室移到病房了。

很多媽媽不知道在剖腹產時，應該選擇全身麻醉還是局部麻醉。麻醉醫師會按照產婦和胎兒的狀態來選擇麻醉方式，所以不能說哪種方法一定比較好。他們會根據媽媽的狀態充分討論後再決定，所以最好能相信醫生的判斷。

寶寶如果能自然而然「咻！」一下地出來就再好不過了，不過，真正的生產過程並不像這樣簡單又短暫。雖然會覺得很累、很辛苦，但如果事先瞭解整個生產過程的話，生產時真的會輕鬆一點。

❤ 自然產的過程（詳細分娩過程請參考 P.58）

第一產程　胎兒為了出來到母體外，頭部會轉向產道的方向。媽媽的陣痛間隔會縮短，必須忍耐逐漸加劇的陣痛。

第二產程　胎兒頭部從產道探出，媽媽必須用力將寶寶往外推。

第三產程　孩子完全出生，媽媽將胎盤排出體外。

❤ 剖腹產的手術過程

手術的前置作業　先聽主治醫師仔細說明手術時會出現的各種狀況，簽下同意書後就會進入開刀房。之前會先禁食 6 ～ 8 個小時以上，做完 X 光及心電圖檢查後會預防性地注射抗生素，並用靜脈注射方式麻醉。

切開腹部　切開皮膚和皮下組織後，接著切開筋膜和腹膜、露出子宮。

子宮切開　子宮下方會接觸膀胱，把子宮跟膀胱分離後，直切將子宮切開。

胎兒分娩　子宮切開後，探手進去，輕輕將胎兒頭部從切開處提出來。

子宮縫合　等胎盤也拿出之後，將子宮和腹部縫合回去。

Q23 一定要練習呼吸法嗎？聽說當下根本想不起來耶……

「一定要練習呼吸法嗎？」是的。最好能先練習一下呼吸法！當然真的面臨陣痛時可能會想不太起來，只想一心撐過陣痛。不過事先練習呼吸法，能稍微減緩陣痛帶來的痛苦，也可以充分供給胎兒所需的氧氣，讓寶寶不會在產程中缺氧。而且還可以大大舒緩身體的緊張和肌肉收縮，之後疼痛感也會減少許多。

隨著生產過程不同，分為慢速（胸式）呼吸、調節式呼吸、節律式呼吸、直呼法呼吸，但是因為太複雜，很多人在生產時根本想不起來，建議平常就練習鼻子吸氣、嘴巴吐長氣，這種基本的腹式呼吸。最典型的呼吸法就是拉梅茲呼吸法，可以跟著下面的圖一起練習，也可以在婦產科、媽媽教室等地方學到喔！

跟著一起做拉梅茲呼吸法

平常請反覆練習步驟 1 到 2。

❶ 開始陣痛時，用「嘻」的聲音呼出淺淺、短短的氣，然後再深吸一大口氣。

❷ 想像自己在吹熄蠟燭那樣噘起嘴巴，盡可能地把一口氣吐得很長。

❸ 陣痛每隔 2 ～ 3 分鐘就來一次的話，就把步驟 2 的氣吐完，「嗯」地用力閉緊嘴巴。

我生第一胎的時候不太懂，所以沒有用到呼吸法，但是生第二胎時，我就先試著練習呼吸法。確實地照呼吸法呼吸的時候，疼痛感真的較少。

我在產前就跟老公一起練習呼吸法，真的很有幫助。自己練習會有點辛苦，但因為老公在一旁幫我，我就想得起來，也都能輕鬆做到。

我在 Youtube 上參考了婦產科醫生教的生產呼吸法，效果真的很好。

Q24 孩子胎位不正，怎麼做可以回正？

我試著做過胎兒體外翻轉術，後來成功了。我是第 36 週做的，當時給醫院的費用是 8500 元左右。

我的寶寶體重低於平均值，沒辦法做體外翻轉術，因為醫生說可能會有危險。

臉朝上躺著的時候，把覺得肚子硬硬的部位，或是有感受到一陣陣胎動的地方，想成是寶寶的手腳就行了。

懷孕滿 30 週之前，寶寶會在媽媽子宮的羊水裡自由地動來動去，到了 31 週之後，寶寶的頭就會開始朝下、轉到適合出生的姿勢。不過，如果此時不是孩子的頭朝下，而是屁股或腳朝下，這就稱為「胎位不正」。

距離產期越來越近，大多數胎兒都會開始慢慢轉正，也不是說胎位不正就一定要開刀剖腹。只是胎位不正時，在生產過程中造成媽媽和胎兒危險的機率會比較高，因此往往都要跟醫生討論有沒有需要先進行剖腹產。

有些媽媽想說，如果自己把身體倒過來的話，寶寶的姿勢也會跟著轉正。親愛的媽咪們，絕對不可以為了改變胎兒的位置而倒立！這樣做相當危險。應該是要讓肚子有空間方便寶寶移動，這樣比較好。下面就來介紹可以幫助導正胎位的體操。不過對於快要生的媽媽來說，這些動作比較難，要是太累或覺得肚子緊緊的，就要把時間縮短。

胎位導正體操

以下兩個動作加起來總共要維持 15 分鐘。體操結束後，為了讓寶寶的手腳能移動到下方，請躺著休息 20 ～ 30 分鐘以上。

膝胸臥式體操
兩腳膝蓋呈現跪姿，把手和臉貼在地面，臀部往上抬高。

電梯式體操
腰下面墊個棉被、墊子或書本之類的東西，將臀部往上抬高。

Q25 如果因為早產住院，會接受什麼樣的治療？

台灣近 10 年來，早產兒發生率大概是 8.5% 到 9.4%，而且有逐年增加的趨勢，幾乎每 10 個新生兒中，就有 1 個是早產兒。所謂早產是指懷孕未滿 37 週就出生，或出生時體重未達 2.5 公斤的寶寶。雖然是早產兒，但如果滿 24 週以上出生，嬰兒的肺部就已經發育到可以靠著人工呼吸器來呼吸了。如果是在發育未完全的狀態下誕生，除了無法自主呼吸外，還會伴隨許多其他的問題，所以應該要盡可能地讓寶寶在肚子裡長大，對寶寶來說比較安全。

如果出現早產症狀，原則上需要住院安胎，施打子宮收縮抑制劑、每天檢查胎動，也要用超音波觀察胎兒的狀態。如果沒有更進一步進入產程，等到子宮收縮的情況停止就能出院了。一般到了 35 ～ 36 週左右，就可以在醫療團隊的評估下出院，不過出院之後，媽媽也應該要在家躺著休息減少外出的機會和走動的時間，讓身體維持在安穩的狀態，盡可能地延長寶寶在肚子裡的時間。

前輩媽媽妙招

如果有早產徵兆必須長期住院卻擔心收費的話，可以事先詢問醫院確認。

前輩媽媽妙招

出現早產狀況，必須去有新生兒加護病房的醫院。雖然每個媽媽的狀況都不太一樣，不過我因為早產症狀住院的時候，醫院幫我打了子宮收縮抑制劑 Yutopar。如果懷孕週數很少、宮縮很嚴重的話，也可能會使用其他種類的藥。

早產的代表性徵兆

下腹變硬、緊繃且會痛　如果肚臍周圍或下腹出現硬硬一塊、覺得緊繃，就要趕快側躺、安穩下來。如果肚子緊繃的同時，還感受到規律的陣痛，必須立刻就醫。

有出血現象　出血是生產的徵兆，所以一旦發現，就必須立刻去醫院。

羊水流出　如果不知不覺中有溫熱的水像尿尿一樣流出來，表示羊膜破了導致羊水流出，要趕快去醫院。

Q26 我真的好怕陣痛，怎麼樣能減緩生產陣痛？

在陣痛來的時候，我照著學過的呼吸法，用腹式呼吸的方式來緩和。

側躺呼吸時，最好朝左邊側躺才不會壓迫到大血管，讓氧氣更順利地供給給孩子。施打無痛針可以減少 30 ～ 70% 的疼痛，如果太痛時可以要求施打無痛針。

側躺著呼吸

有的媽媽陣痛時痛到把床單扯破、有的媽媽一直緊咬牙根把牙齒都搞壞了，也有媽媽甚至尖叫到聲音沙啞……雖然自己還沒經歷，但光聽到這些人的經驗就覺得可怕。到底該怎麼聰明戰勝陣痛呢？

首先，尖叫並不是個好方法，因為這會讓呼吸變得不規律，反而容易造成氧氣不足、讓媽媽覺得更痛，對胎兒也不好。真的忍不住的時候適當地叫出來沒關係，但還是要避免長時間大聲尖叫。另外，也不要為了不叫出聲，就緊咬牙根忍耐、或是手用力抓東西，這些舉動在產後也可能會造成某些後遺症，讓媽媽變得很辛苦。

每個媽媽當然很希望能有速效的方法消除陣痛，不過最好的方法就是側躺並呼吸。在側躺狀態下伸直下面那隻腳，上面的腳微彎輕放在抱枕上，這個姿勢不會壓迫到肚子，也有助於順利把孩子生下來。此外陣痛來臨時，可以坐在椅子上雙腿張開、夾著抱枕或墊子，把下巴靠在抱枕上，或是坐在生產球上做旋轉臀部的運動，這樣也能稍微減輕陣痛。（請參考 P.58）

❶ 側躺然後夾著抱枕，依照呼吸法呼吸
❷ 牽著老公的手

Q27 陰道出現很多分泌物，什麼程度算正常呢？

有很多媽媽因為分泌物的量實在太多，就擔心自己是不是羊水破了。其實光看分泌物的量、次數和形態，沒辦法準確知道到底是不是羊水，就像大家常說的「Case by case」。有的媽媽就算是羊水破了，也因為羊水量太少而很難區分是羊水還是陰道分泌物；也有人覺得自己是懷孕初期、根本不會有羊水，結果去了醫院才發現羊水破了。羊水會像水一樣流動，所以有時突然流出來，很難讓人聯想到是羊水。

如果在醫院檢查時沒有什麼異常、分泌物也跟平常的量差不多的話就沒有問題，不過就算只感覺到一點異狀，也建議還是要到醫院。可以確定的是，如果像水一樣一直流出來、或是每次活動時都會有水流的感覺，又或是流出很多清澈的液體，就有很高的機率表示羊水破了，因此這種時候就應該立刻去醫院。

去醫院後，醫生可以透過簡單的檢查確認到底是不是羊水，而且如果發現問題，醫院也會建議你住院，所以要是覺得有哪裡怪怪的，一定要馬上到醫院，請專業的醫生幫你檢查、判斷，才不會錯過治療的黃金期。

到醫院的話會有類似試紙的東西檢查是不是羊水，如果懷疑是羊水就去醫院吧！

正常來說，懷孕時陰道分泌物本來就會增加。但如果分泌物發出嚴重異味、或有些許灼熱感，也有可能是陰道發炎，應該要接受檢查。分泌物多到很難分辨是不是羊水的話也必須去醫院。

❶ 如果分泌物比平常流得更多、懷疑可能是羊水，就要去醫院診斷
❷ 發出臭味、覺得搔癢灼熱，有可能是陰道炎，需要接受治療
❸ 如果流出很多清澈的水，有很高的機率可能是羊水破了，要先去醫院

Q28 突然陣痛怎麼辦？什麼時候該去醫院？

到了最後一個月，每個媽媽都會開始擔心：「要是突然陣痛該怎麼辦？我自己一個人的時候就要生了該怎麼辦？」事實上，孩子並不會突然跑出來，第一胎的平均陣痛時間大概是 12 ～ 15 小時，第二胎以後則是 6 ～ 8 小時左右。就算已經開始有陣痛的現象，也幾乎不會有緊急到必須叫救護車的狀況，因為陣痛有週期性，還是有足夠時間可以打電話給周圍的人再去醫院。

靠近預產期就先寫好要打的電話號碼，放電話旁邊備著，免得陣痛一來就慌得手忙腳亂。

該去醫院的代表性徵兆

陣痛週期短促　如果是生第一胎的話，等陣痛週期縮短到 10 分鐘之內；第二胎以後，則是等陣痛週期縮短到約 15 ～ 20 分鐘，就可以去醫院了。

我聽生過的媽媽們說，快到臨盆本能就會知道，有點神奇，但我自己真的也是這樣。

流出羊水　當開始分娩、子宮頸打開到 3 ～ 4 公分時，羊水就會破裂，讓子宮頸容易打開。通常會在子宮頸打開的瞬間破水，但也有人在開始陣痛之前就已經先破水了。如果流出清澈的水且是能讓內褲濕掉的程度，就要知道是破水並去醫院。

落紅並有週期性陣痛　分泌物混著血絲、呈現黏黏稠稠的液體，表示子宮頸已打開，包覆著胎兒的胎膜剝離而產生的出血現象。看到落紅並不表示馬上就要生了，如果有落紅又伴隨出現週期性陣痛就要立即到醫院。

❶ 落紅之後就有可能開始出現陣痛，可以先洗澡並做好住院準備
❷ 卸除手上的指甲油、拿掉隱形眼鏡（方便麻醉並確認病人狀況）
❸ 出現週期性的陣痛，而且間隔逐漸縮短時就要去醫院！
❹ 發現羊水好像破了，就要立刻去醫院！

Q29 肚子變硬、假陣痛、真陣痛？要怎麼區分？

很多媽媽到了懷孕後期，只要肚子稍微痛一下就以為自己開始陣痛了，結果到醫院發現並非如此，又得回家。如果可以先清楚瞭解為什麼肚子會變硬，就能分辨這種痛到底是不是真的陣痛。

肚子變硬是子宮收縮的信號，太累、壓力太大、或是坐太久身體變僵，這些疲勞都會透過肌肉累積到子宮那邊，所以媽咪們才會有肚子變硬的感覺。

到了懷孕的最後一個月，母體子宮就會為了準備把胎兒從肚子裡推出來而開始有收縮的現象。子宮開始進行收縮運動的時候，肚子就會常有緊繃的感覺，這就是所謂的「假性陣痛」。假性陣痛在過了懷孕9個月中期之後就會時常發生，媽媽們常會覺得腰痛、或是下腹緊繃，有時也會稍微感受到一點點陣痛。

真的陣痛除了子宮會收縮之外，同時骨盆的部位也會為了準備生產而打開、變鬆，肚子、腰和骨盆則會出現一種好像快要脫落的疼痛感。真陣痛會規律性出現、而且強度會逐漸增強，痛的感覺會很劇烈。除了疼痛的感覺之外，如果看到有落紅、或是流出羊水等的生產徵兆，也可以輕易地區別出這是真陣痛，而非假性陣痛。

到醫院檢查子宮頸長度和子宮放鬆程度，就會知道那是假性陣痛還是快生了。

真陣痛一旦開始就可以使用陣痛預測的APP。只要在陣痛開始和結束時按下按鈕，就可以記錄陣痛的時間和間隔。如果每10分鐘就出現一次陣痛，就要趕快去醫院。

1. 假性陣痛時間過了就會好
2. 真陣痛強度會變強、而且有規律性
3. 陣痛間隔變短時，就要去醫院

Q30 過了預產期就不能自然產嗎？

一般來說，媽媽懷孕滿 37 週到 41 週又 6 天，都可以算是正常的懷胎期間，超過第 42 週開始，就會被視為是過期妊娠。超過原本估算的預產期 2 週以上，孩子在肚子裡長得太大的話，出生時的體重可能會超過 4 公斤，並增加許多危險的因素，所以正常如果超過預產期 1 個禮拜，就要跟醫生討論，然後決定引產的日期。

進行引產時，萬一有陣痛卻沒有進入產程、或是根本沒有出現陣痛、或是因為受不了陣痛而想要剖腹產，或者是出現像是胎兒無法呼吸、胎盤早期剝離、臍帶脫垂、破水時間過久等危險的狀況，擔心會引發子宮感染時，就可能要換成剖腹產的方式。

做超音波檢查時，發現寶寶腸道內滿滿都是大便，不知道什麼時候會大出來，所以我每天都檢查胎動。醫生說要是超過預產期，寶寶就有可能會大出來並吃到，造成危險，於是我做了引產。所以如果超過預產期，就一定要去醫院喔！

如果超過預產期呢？

超過預產期的時候，大家都會用各式各樣的方法，只為了能快一點看到孩子，像是把腰背打直、用正確姿勢走路，或是走路時用腳後跟踩地板等等，不管用哪種方式，多多走路是最好的方法。

不建議媽媽們為了讓寶寶出來，特別做像爬樓梯、學鴨子走路、拿抹布擦東西等比較勉強的運動，主要是因為這些動作沒有科學根據，還可能會壓迫並傷到關節。

我在 40 歲才生第一胎，已經超過預產期 10 天，肚子卻一點動靜也沒有，所以就決定做引產。不過我試了引產之後，過了 24 小時都只有陣痛、子宮頸卻沒有打開，所以最後還是剖腹產了。引產的成功率不到 50%，如果是第一次生，而且是高齡產婦的話，需要剖腹產的機率會高達 2 倍以上。

❶ 持續做產前檢查
❷ 一超過預產期就要多走動
❸ 超過預產期 1 週，就要跟醫生討論並決定引產日期

Q31 生產尷尬三部曲，一定要事先知道？

生過孩子的媽媽們，都會把這三個程序叫做生產尷尬三部曲，那就是「灌腸、除毛、切會陰」。這三項是每個媽咪生產的必經過程，大部分的婦產科在幫人生產的時候，都會進行這三個程序。

即使是自然產，醫生也會視情況決定要不要切會陰，因為怕沒有切開會陰，反而會造成過度撕裂，出現不規則的傷口，不易縫合也難癒合，最好先跟醫生討論並決定要不要切，用最安全的方法生產。如果什麼都不知道就要面臨生產過程，可能會太緊張，要是先瞭解為什麼要這麼做，就能更沉著穩定地應對了。

與醫生討論後，媽媽可以自己選擇要不要切會陰。我很幸運，沒有切會陰就安全地生下孩子。

生產尷尬三部曲

灌腸　一般會在陣痛間隔達到 10 分鐘時進行灌腸。把灌腸劑塞入肛門後，過 10 ～ 15 分鐘，開始有感覺就可以去廁所了。主要是為了讓胎兒經過的產道變寬，並防止胎兒感染。

除毛　在待產室等待時，護理師會來幫忙媽媽整理並除掉會陰附近的毛髮，主要是為了防止細菌感染，也讓醫生比較好縫合切開的部位。

切會陰　為了預防生產時陰道或會陰過度撕裂，會先切開一部分的會陰組織。如果都沒有切開就生，可能導致過度撕裂，或是傷口不規則而造成發炎。

在產前按摩一下會陰，對於在不切會陰的狀況下生產也很有幫助。

❶ 先弄清楚生產尷尬三部曲
❷ 瞭解灌腸、除毛、切會陰的原因

一看就懂的自然產過程

STEP 1　感覺到生產徵兆時就去醫院

如果有破水或每 10 分鐘就有一次陣痛等生產徵兆，就要做好去醫院的準備，帶上住院用的待產包並跟家人聯絡好即可去醫院。記得要卸妝並卸掉指甲油，並拿掉隱形眼鏡戴眼鏡去。

STEP 2　在醫院接受內診

陣痛開始而去醫院後，會透過內診決定要不要住院。如果內診時子宮頸已經開到 3 ～ 4 公分，就要住院確認胎兒的姿勢、下降多少、骨盆構造適不適合分娩等，並準備生產。

- 會用分娩監視裝置確認陣痛程度、週期以及胎兒的狀態。
- 除掉會陰周圍的毛髮，避免影響生產。
- 陣痛初期會進行灌腸。
- 會施打靜脈注射，以便在生產時注入營養補充或藥物。

●忍耐陣痛的姿勢

STEP 3　在待產室忍耐陣痛

在待產室忍耐陣痛，等陣痛的間隔縮短到 1 ～ 2 分鐘，這是第一產程。如果叫太大聲或過度掙扎，真的要生反而會虛脫沒力，所以陣痛來的時候先側躺、深呼吸並忍耐，沒有陣痛就放鬆休息。因為陣痛很難受時，可以試著移動身體、找出最舒服的姿勢。

陣痛間隔　如果陣痛間隔 10 分鐘、子宮持續收縮 20 ～ 30 秒，表示還有一段時間。陣痛間隔會慢慢縮短到 5 分鐘、3 分鐘、1 分鐘，宮縮的時間則會漸漸拉長到 60 ～ 90 秒。

陣痛時間　每個人的陣痛時間都不一樣，通常生第一胎平均需要 10 ～ 12 小時，生第二胎以上則是 5 ～ 6 小時。

陣痛程度　陣痛痛到極點時，甚至會痛到無法呼吸，然後再稍微緩和，並一直反覆。建議陣痛時要深呼吸並保持最舒服姿勢。

STEP 4　移動到產房

一直到子宮頸完全打開、寶寶要出生之前，都算是第二產程。子宮頸打開到 10 公分、寶寶的頭已經從媽媽的會陰露出 3 ～ 4 公分時，就要上生產台，然後等陣痛來就要使勁地推，寶寶才會出來。如果是住樂得兒 LDR 產房，從陣痛待產、生產到恢復期都可以在同一個空間裡完成。

子宮收縮　宮縮伴隨的陣痛來臨時會把寶寶的頭推出來，陣痛消退時，寶寶的頭又會再縮進去，反覆好幾次。等陣痛間隔變成 1 ～ 2 分鐘、宮縮時間持續 60 ～ 90 秒、達到最顛峰時，按照醫生指示出力，寶寶的頭會出來，接著身體也會跟著出來。

促進陣痛　如果子宮已經可以分娩，卻沒有收縮時，醫生就會幫媽媽打催產素。打了催產素，子宮會比正常的陣痛收縮得更強烈、時間也更久，雖然會增加媽媽的痛苦，但優點是可以縮短陣痛時間，並減少難產的狀況，所以醫生會視狀況使用。

●寶寶出來的過程

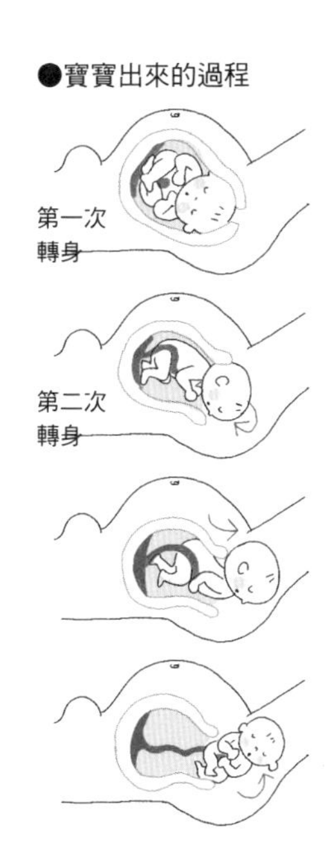

STEP 5　生產完移動到病房

生下孩子後約過 10 分鐘，胎盤就會排出體外，這段期間又叫做第三產程。此時身體呈現放鬆狀態，只要在胎盤排出體外時稍微用點力就行了。接著醫生會縫合會陰、媽媽會在生產台上稍做休息，檢查後如果沒有異常，就會移動到病房。

新生兒處理　寶寶出生後，醫生會立刻幫寶寶剪斷臍帶、吸出卡在鼻子和胃裡面的羊水，讓寶寶可以用肺呼吸。接著把寶寶的身體擦乾淨之後，會測量身高、體重、胸圍和頭圍，並幫肚臍消毒，然後用包巾包好。大多的時候會放到媽媽懷裡抱一抱，再讓寶寶移動到育嬰室。

到底該買什麼？擺脫嬰兒用品購買崩潰

只是買個乳液，怎麼不同牌子、產品這麼多？上網爬文卻幾乎都是廣告，同一個東西大家使用心得都不一樣，真的好難決定到底該買什麼。大家都說嬰兒用品挑到一個好用的可以超輕鬆，但又不能每種都搬回家……前輩媽媽幫你整理比較、一目瞭然，告訴你嬰兒用品怎麼買不 NG！

如果讓我重買一次嬰兒用品？

嬰兒用品等要用再買，也不會太遲

我買了很貴的嬰兒用品回家之後，常常都會覺得後悔：「我幹嘛買這個？」、「用不到兩三次耶！」而且嬰兒用品的使用時間通常都很短，或是就算評價很高、也不適合我帶小孩的方式，結果往往買了之後都用不到。有些媽媽說沒有背帶就活不下去，但也有人說背帶根本用不到。為了不要像我這樣發生買錯、或是踩到雷的情形，各位媽咪們最好先依照自己的想法列出嬰兒用品的購買清單，然後分成「一定要買的」、跟「有需要再買的」這兩類。

可以分成「要買新的」和「有旁人轉送的」，確定之後再買

嬰兒用品中像奶嘴、手帕這種會直接讓寶寶吃、或有肌膚接觸的，基於衛生考量一定要買新的，不過其他使用期間比較短的東西，有些可以買二手或用租借的。像是床邊玩具、奶瓶消毒器、搖籃椅、嬰兒床等，這些東西使用期都很短，買二手的來用、用完再二手轉賣，一來省錢，二來也不占空間。而且寶寶大得很快，如果身旁的人剛好有嬰兒衣物要轉送，不用不好意思，心懷感激地接受吧！我一開始只想到要把最好的給孩子，就統統都幫他買新的，後來才發現，如果把當時花掉的錢省起來用在其他地方，好像還比較划算。

chapter 2

依照不同時期買需要的東西

嬰兒用品當中，也有很多種設計成像媽媽用品一樣可以兼用，改變一下型態就能延長使用時間的產品。例如汽車安全座椅或嬰兒車，很多產品改變一下型態，就可以從新生兒時期一直用到 6 ～ 7 歲。不過，比起可以使用很長一段時間的東西，我反倒會買符合當下年齡需求的用品，然後配合孩子成長的速度來替換，我覺得這樣比較好。尤其是關乎孩子安全的用品，我覺得購買當下需要的產品，比較不會有安全上的疑慮，也可以確定真正適合孩子，是更好的選擇。

沒有 100% 標準答案

育兒書都說：「寶寶的貼身衣物很多人都會送，只要準備一兩套就好；如果不想餵奶粉的話，就不要買奶嘴。」不過事實上，就算「大多數」媽媽的經驗都是那樣沒錯，但那不一定是「我」自己的實際狀況。所以媽咪們覺得需要某個產品時，最好還是先上網做功課，查一下要買哪一種。有的媽媽只想到要餵母奶就沒有準備奶瓶或奶嘴，結果寶寶拒絕吃奶、只好辛苦地到處去賣場找仿乳頭奶嘴。還有的媽媽一直等別人送貼身衣物，結果後來大家都送外出衣物，只好匆匆忙忙託人去買，根本沒時間精打細算。

前輩媽媽告訴你嬰兒車選擇法

嬰兒用品裡面，嬰兒車算是單價最高的商品，品牌非常多、使用評價也都不一樣，需要謹慎選購。根據嬰兒車大小、重量和用途的不同，分成豪華型、折衷型、攜帶型等，選擇嬰兒車最重要的考量點就是使用時機、外出頻率，還有外出類型。不管買哪一種嬰兒車，不要在網路上查完馬上就買，建議先到婦幼用品展或嬰兒用品專賣店直接試推看看，之後再選購。如果是要給新生兒用，一定要確認寶寶可不可以跟自己面對面平躺、有沒有五點式安全帶。

{嬰兒車代表性種類}

豪華型　這種嬰兒車從新生兒時期開始就可以乘坐，因為減少了晃動感，寶寶會比較舒服，不過車型體積大、重量重，要搬上搬下都很難。如果住的地方附近地勢平、有電梯，你也常到附近散步或逛市場的話，這類型很安全。豪華型的嬰兒車收納空間也很足夠，之後孩子大一點，就建議可以換成攜帶型嬰兒車。

折衷型　介於豪華型和攜帶型之間，讓寶寶覺得舒適之餘，優點是折收或攜帶上都比豪華型更方便。如果經常開車外出，比豪華型方便折收的折衷型，是個不錯的選擇。

攜帶型　一種不到 5 公斤的輕量型嬰兒車，輕巧、好折收，車子也好載。小孩會走路時，在旁邊推著走也很方便。近來很多攜帶

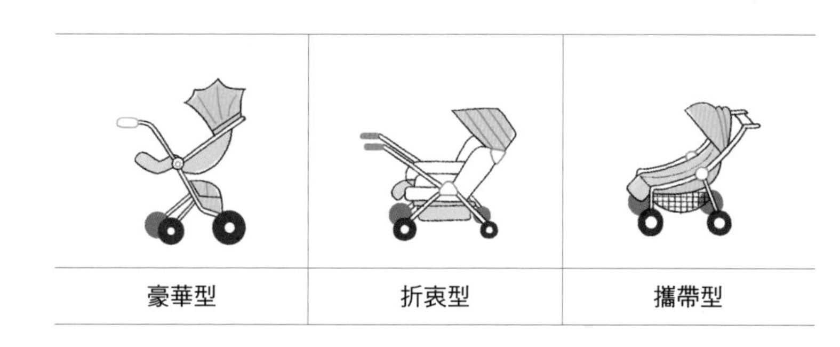

提籃式安全座椅的優點是移動時不會吵到寶寶睡覺，也可以當成搖籃椅使用。如果需要常常進出醫院，會建議挑可以結合提籃的豪華型或折衷型的嬰兒車，用起來比較方便。

前輩媽媽妙招

我家寶貝還是新生兒的時候，我是用攜帶型嬰兒車載他，雖然有頭部固定保護，可是寶寶的頭還是晃得很厲害。因為攜帶型推車不太能減緩地面不平造成的震動，最好等小孩滿 100 天之後再用。

前輩媽媽妙招

我買了可以換成提籃安全座椅的豪華型嬰兒車，覺得差不多用一年後就換成攜帶型的比較好。因為小孩會走了，可是媽媽還要推著、扛著嬰兒車到處跑，就算是 7～8 公斤的折衷型嬰兒車還是滿重的。

型嬰兒車強化穩定性，安全度不亞於豪華型嬰兒車，如果常常需要獨自帶孩子外出，攜帶型嬰兒車會比較好應用。

雙人型　除了上面那些，如果家裡是雙胞胎或接著生兩個，也有前後型、並排型的雙人嬰兒車，像 City Select 還可以前後變換，方便媽媽一次可以帶雙寶出門，也可以另外購買嬰兒車的連結器，把兩台嬰兒車連接起來。建議考量孩子幾個月大、好不好操控、還有大小寶差幾歲等等，挑選出最適合自己的產品。

{ 按照不同生活方式挑選嬰兒車 }

- ☐ 新生兒時期開始就需要經常外出→豪華型
- ☐ 6 個月以後開始經常外出→折衷型
- ☐ 經常獨自帶孩子外出→攜帶型（新生兒專用）
- ☐ 常需要走路／常帶到戶外→豪華型、折衷型
- ☐ 經常要乘坐自用小客車／帶去室內使用→折衷型、攜帶型

{ 購買嬰兒車時要確認的事項 }

把手和避震效果　購買之前最好先試試把手好不好推，也要確認推車吸收和分散震動的避震效果，通常推車輪子越小，避震效果就越差。

椅背角度調整　寶寶常常在嬰兒車裡睡著，為了讓寶寶睡得舒服，建議要確認嬰兒車的椅背是不是能自由調整、遮陽罩能不能整個拉下來，還有踏板的角度可不可以調整。

折收方便性　如果常需要把嬰兒車載到車上，最好挑可以輕鬆、快速折收的類型。

除此之外，也要看看推車本身有沒有充足的收納空間，還有放包包後的穩定度安不安全。因為常有很多媽媽把菜籃掛到把手上，結果嬰兒車就整台往後倒。

前輩媽媽妙招

我連著兩年生下老大和老二，所以就買了連結器把兩台同樣的嬰兒車接起來。可以把我們家兩台折衷型推車接起當雙人型，也可以分成兩台來用，我覺得很方便。

前輩媽媽妙招

嬰兒車常常需要各種配件，我覺得掛勾、杯架、防風罩、棉被夾等這些都算是必備的。另外像嬰兒車專用的電風扇、防雨罩、腳套、防蚊罩等等，覺得有需要時再買就可以了。

前輩媽媽妙招

我買的嬰兒車墊雙面都可以用，其中一面是網狀布料，夏天比較透氣。另外我還用了 Elephant Ears 的護頸枕，可以保護小孩的脖子。

前輩媽媽告訴你汽車安全座椅選擇法

很多人以為新生兒時期不太需要用到汽車安全座椅，打算等之後再買，不過其實安全座椅在產前就要先買好，因為生完要從醫院到月子中心或回家的時候就需要用到了。

｛安全座椅代表性種類｝

提籃式　座椅附有手把，從新生兒到 1 歲前都可以使用，最大的優點是能當成搖籃，也能在孩子躺著的狀態下移動，還有些提籃式安全座椅可以跟嬰兒車結合。這類座椅可以用到孩子 13 公斤（大約 12 個月）時，體型比較大的寶寶能使用的期間也相對較短。

我用的是可以裝上嬰兒車的提籃式汽車座椅。寶寶睡著的時候，不用把他叫醒就可以移到嬰兒車上，我覺得這很棒，但缺點就是滿重的。

一體式　椅背不能拆下來的一種幼兒用安全座椅，又叫做調整型安全座椅。有的可以從新生兒時期用到寶寶 18 公斤（4 ～ 5 歲）、有的可以用到寶寶 25 公斤（7 ～ 8 歲）等，有各種類型。之後只要接著用學童用座椅或增高墊就可以了。

可拆式　可拆式座椅椅背可以拆，等孩子到 5 ～ 6 歲就可以拆掉椅背，放在汽車座位上增加椅墊高度，也能當成學童用座椅。

婦幼展最後一天通常都會再有一些優惠，可以趁那時候去買嬰兒車或汽車安全座椅。很多店家也會提供宅配服務，媽媽們盯緊展覽最後一天吧！

除了這些，還有可以 360 度旋轉的迴轉式座椅，以及可以調整高度和角度從 0 歲到 7 歲都可以使用的成長型汽車安全座椅。

	提籃式	一體式	可拆式
適用對象	新生兒～幼兒	新生兒～兒童	幼兒～兒童
乘坐者體重	新生兒～ 13kg	新生兒～ 25kg	9 ～ 36kg
特色	有把手 可當作搖籃	可以改變型態 使用期間長	椅背可拆 可當成增高墊
型態			

聽說迴轉式座椅會很晃，不過我實際用的時候晃得沒有想像中嚴重，而且可以把寶寶轉到想要的方向，不管是要繫安全帶或是安撫他都很方便。

汽車安全座椅跟嬰兒車一樣，產品五花八門，種類多到讓人在買的時候常覺得苦惱。不過，其實嬰兒用品不會用太久，最好按照各個時期購買最需要的。

普遍的做法會先買一體式的安全座椅來用，之後再換成學童用座椅。最好的組合方式就是：在出生到 13 公斤（大約 12 個月）前，用提籃式汽車座椅；13 到 18 公斤（5～6 歲）的期間用五點式幼兒汽車座椅；之後到 12 歲之前使用學童用座椅（增高墊）來搭配大人用的安全帶就可以了。

未滿 24 個月或 10 公斤以下的寶寶，安全座椅要面向後方，這樣事故發生時，小孩頭部和脊椎受到的衝擊會比較小，相對比較安全。另外，如果將安全座椅裝在前座，可能會因為安全氣囊造成二度傷害，因此一定要裝在後座。

{汽車座椅選擇法}

1. 挑選時要考量年齡、身高和體重，也要參考產品標示的內容，體重比年齡更重要。
2. 根據體重確認使用期間，之後再選購。
3. 確認有沒有安全認證的標示。
4. 確認框架堅不堅固、有沒有彈性。
5. 確認往後躺的角度可不可以調到寶寶最舒適的 45 度角。
6. 確認是不是五點式安全帶，以及頭部靠墊能不能調整。

我國法規規定，小孩滿 5 歲前都必須乘坐安全座椅，不過參考其他國家的狀況，在孩子長到 145 公分、36 公斤前都要使用安全座椅，比較安全。

{新生兒安全座椅乘坐法}

1. 安全座椅向後裝在汽車後座。
2. 把座椅角度調整到 45 度角。
3. 將安全座椅的安全帶拉到最鬆，確保寶寶有乘坐的空間。
4. 確認衣服，脫掉外套、讓寶寶穿薄的連身裝或貼身衣物就好。
5. 把寶寶放在安全座椅上，安全帶穿過寶寶的手和腳。
6. 確實扣好座椅的安全帶環扣。
7. 調整安全帶，讓寶寶和安全帶留一根手指寬的距離。
8. 頭部靠墊確實調整到寶寶肩膀的高度。
9. 把墊肩調整在肩膀和脖子之間。

即使寶寶還沒達到安全座椅標示的體重，但如果發現小孩的身體已經塞滿整個座椅、看起來很不舒服，或是頭部高度跟座椅不合、感覺很危險的話，這時就應該要更換安全座椅比較恰當。

前輩媽媽告訴你嬰兒背帶選擇法

嬰兒背帶快的話大概在孩子滿 30 ～ 50 天之後就可以用了。一般來說，新生兒在出生後 3 個月到 100 天左右，脖子比較能支撐，所以從這時開始用嬰兒背帶是最好的。很多用過的媽媽都說，不管用什麼，比起附帶各種配件的東西，她們更常選擇功能單純的產品。

{嬰兒背帶代表性種類}

環式背巾（Sling）　布料材質有伸縮性，將小孩包起來背在胸前，出生未滿 100 天的嬰兒也能使用。優點是可以讓寶寶有安全感，不管是要將躺著的寶寶背起來，或是背的時候要讓寶寶躺下都很方便。不過重量都壓在某一邊肩膀，會建議短時間要抱出生後 30 天到 3 個月左右的寶寶可以使用這種類型。

雙肩式嬰兒背帶　用腰帶和兩邊的肩帶將孩子背起來，是一般常見的背帶。通常會把寶寶背在前面，方便背起跟卸下，使用時間也很長。最大的優點是寶寶可以緊貼著媽媽的胸部、更有安全感，同時媽媽也能空出雙手自由活動。另外，新生兒的脖子還沒有支撐力，所以在用嬰兒背帶時一定要用新生兒保護墊，或用包巾、毛巾把寶寶裹起來再使用。

腰凳式、後背式背帶　寶寶出生 4 ～ 5 個月，脖子能支撐、腰也有力氣可以坐著的時候，就可以使用腰凳式或後背式的背帶。

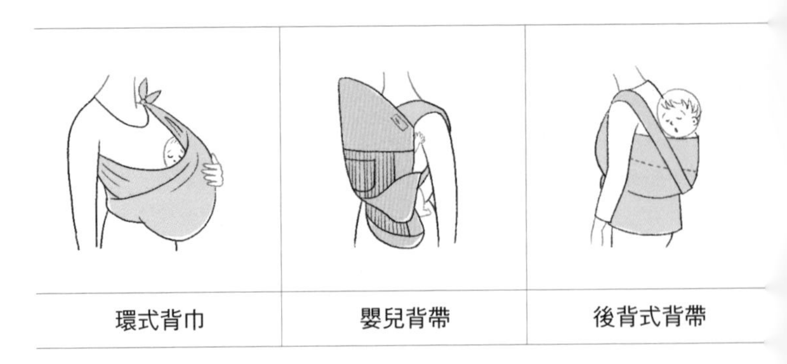

環式背巾　嬰兒背帶　後背式背帶

前輩媽媽妙招

很多人不太會用背巾，不過其實幫寶寶預留一點點空間背到胸前，讓寶寶翻身，就可以找到滿舒服的姿勢。說明書上說可以一直用到小孩 13 公斤，可是我家寶貝超過 5 公斤之後，我就覺得太重、很不方便，沒辦法再用了。

我的必備款就是環扣式背帶＋涼感墊。嬰兒背帶使用時間比較長，如果是夏天要用，我覺得輕巧又涼爽的款式最棒。

雖然腰凳式背帶也有出可以支撐寶寶頭部、背部的產品，但對於腰還沒有力氣的新生兒來說，還是不要用這種背帶比較好。我在家都用多功能保護巾，用得滿順手的。

前輩媽媽強力推薦！照護新生兒 5 大產品

新生兒時期寶寶白天晚上哭個不停，媽咪們也很想跟小孩一起大哭一場吧？到底買什麼嬰兒用品才能抓到救命稻草呢？我們從一大堆選項中挑出可以拯救新手媽咪們的嬰兒用品，絕對讓你謝天謝地到想按 10 個讚！

Tiny Love 交響音樂鈴

要是沒有這個音樂鈴，我都不知道該怎麼上廁所和吃飯了！這音樂鈴是幫媽媽騰出寶貴休息時間的好幫手。因為沒有要放進嘴巴，買二手的也可以。

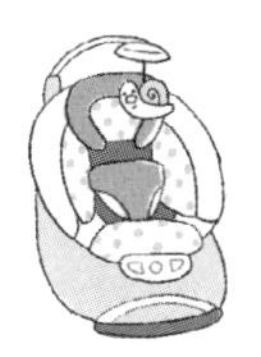

電動搖籃椅

「自動搖晃的搖籃椅，可以解決寶寶一放下就哭的問題耶！」這是一款媽媽間口耳相傳的人氣嬰兒用品。如果媽媽們擔心嬰兒搖晃症候群，手動式搖籃椅也是不錯的選擇。

提籃式汽車安全座椅

提籃式安全座椅最大的好處，就是可以直接移動睡著的孩子，不會吵醒他。有的產品還可以裝上嬰兒車，馬上推著走，平常也可以當成搖籃椅，真的相當方便又好用。

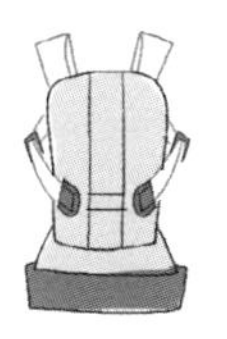

嬰兒背帶

雙肩式嬰兒背帶絕對是必備的嬰兒用品。背上背帶後，就多了一雙自由的手可以用，為所有媽咪們開啟了一個新世界啊～背巾、後背式背帶有人說好，也有人不支持，所以就先準備雙肩式嬰兒背帶吧！

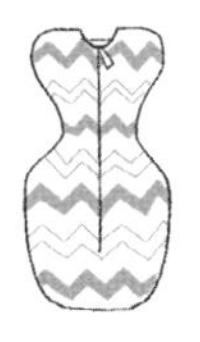

多功能包巾

從很難包包巾的新生兒時期，一直到晚上容易醒來的 100 日為止都可以用。是一款可以簡單把孩子包牢、讓他睡得很香甜的孝子單品。

我在 IKEA 買了三層推車，一層放濕紙巾、一層放尿布，使用起來很方便。IKEA 的尿布更換桌也是我強力推薦的商品，我每次換尿布都可以不用彎著腰。除了這些，我覺得尿布收納盒移動方便，也是很好用的東西。

我覺得「MamiBuy」這個網站很好用，它蒐集了很多爸爸媽媽的分享，也可以比較所有嬰兒用品。除了可以確認嬰兒用品的採買順序，還可以用寶寶的年齡查詢，真的很方便。

Q1 搖籃椅可以用到什麼時候？一定要有嗎？

不管是哪一種搖籃椅，寶寶還是都有掉下來的危險，所以媽媽一定要在旁邊看著。如果能用哺乳墊或毛巾之類的東西幫寶寶弄出一個舒服的姿勢，這樣是最好的了。

在滿 50 天以前，這些對寶寶的腰來說都可能太勉強，過度搖晃也可能會造成腦部受傷，建議每次使用時間不要太長。寶寶會翻身的話就有掉下來的危險，所以如果寶寶會試圖翻身，最好停止使用搖籃椅。

搖籃椅形狀像是一個凹陷的籃子，可以讓寶寶躺在裡面，讓他前後搖晃，感覺就像媽媽的懷抱，大多數寶寶都會覺得安心。有的媽媽說沒了搖籃椅連上廁所的空檔都沒有，也有的媽媽說孩子根本不想坐，買來了也用不到。雖然搖籃椅的評價兩極，不過媽媽如果想在寶寶新生兒時期稍微伸伸懶腰、上上廁所，會建議最好還是準備一個搖籃椅。一般使用的期間大概在孩子出生後 50 天到 100 天，大約 2 個月，不用硬要買很貴的產品，可以買便宜的，或是用借的就好。

搖籃椅有分為電動搖籃椅和手動搖籃椅這兩種。手動搖籃椅比較便宜、也比較輕，如果想在外出時使用，攜帶起來也很方便。電動型的不需要用手搖，可以讓媽媽比較輕鬆、省力，但也有很多媽媽會介意電磁波或過度搖晃等問題，因此選擇手動式的。

如果想要買電動式的搖籃椅，購買前一定要先確認電磁波的強度、能不能調整搖晃的角度、方向和速度等等，確保小孩乘坐的安全。在電動式的搖籃椅當中，也有那種附帶了搖擺功能的鞦韆型搖籃椅。

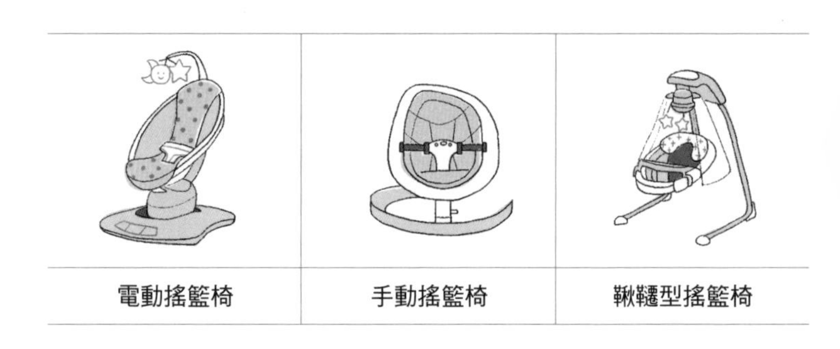

Q2 多功能包巾真的有效嗎？

新生兒從媽媽的肚子裡出來到這個世界之後，有時睡到一半會突然被自己身體的動作嚇到爆哭，這時候可以用包巾緊緊包住寶寶的手腳，讓他產生安全感、少一點驚嚇，寶寶就能睡得更沉、更香甜。

多功能包巾的使用期間很短，而且有的寶寶不喜歡包，所以不是一定要買，但有很多媽媽都說用了多功能包巾後，可以讓寶寶香甜地睡上 5 ～ 6 小時，相當有用。如果你家寶貝無法熟睡，就可以考慮買一條多功能嬰兒包巾。

多功能嬰兒包巾中，最有名的兩款就是拉鍊式的 Swaddle Up 包巾，以及魔鬼氈式的 SwaddleMe 包巾。寶寶睡覺時都喜歡把手臂往上舉，而 Swaddle Up 包巾的設計能讓寶寶雙手上舉並包住身體，因此寶寶往往可以睡得很香甜，因為外型看起來很像蝴蝶，所以又叫做「蝶型包巾」。至於 SwaddleMe 包巾，則是用魔鬼氈將寶寶身體緊緊包住的包巾，這種款式包起來比較方便，但也有媽媽覺得撕開魔鬼氈的聲音太大、容易吵醒寶寶。而 Ergo Pouch 包巾，等寶寶 2 ～ 3 個月大之後就可以讓手臂伸出來，當背心式的舒眠包巾使用，用起來也很不錯。

前輩媽媽妙招

多功能包巾很多都是外國貨，我就直購了兩條 S 尺寸的新生兒包巾，結果尺寸太小了，根本穿不下。國內外的新生兒體型可能不太一樣，建議看寶寶的身高、體重來挑比較準。

我聽說多功能包巾對寶寶的睡眠訓練很有幫助，結果我們家寶貝習慣了多功能包巾之後，就常常自己把包巾拆開，搞得我好累。

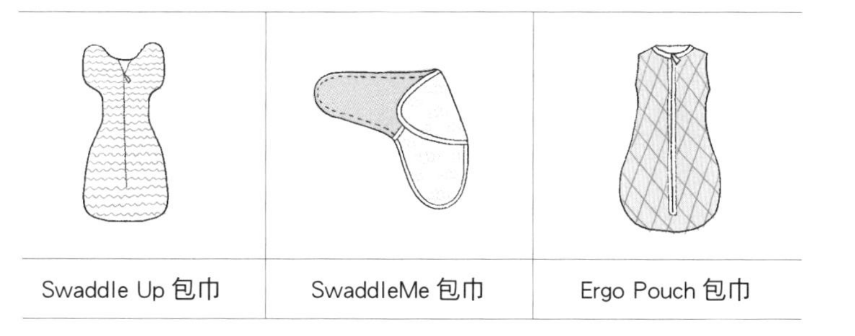

Swaddle Up 包巾	SwaddleMe 包巾	Ergo Pouch 包巾

Q3 嬰兒服要準備幾套才夠？

前輩媽媽妙招

收到別人送的嬰兒衣可能會尺寸不合，或是同一個尺寸太多，結果穿不到。很多店家只要是同一個品牌，即使不是在那裡買的也可以換貨，可以在換季前帶著收據或憑證去換。

前輩媽媽妙招

自己最好準備 7 ～ 8 套嬰兒衣比較夠用，因為寶寶常常會吐奶，一有奶臭味就需要馬上幫他換一件。

前輩媽媽妙招

新生兒成長速度真的很快，買尺寸 75 號的衣服，你以為剛剛好，結果可能穿沒幾次就不能再穿了。要是寶寶比平均體重更重，75 號對他來說可能會太小。建議考量寶寶的出生體重來準備衣服比較適合。

親朋好友為了慶祝寶寶的誕生，都會送來生產禮物、彌月禮物，其中媽咪們最常收到的就是嬰兒衣了，大部分的人都會送尺寸 80 的衣服，不過這個尺寸對新生兒來說有點太大，最好在產前先準備 2 件紗布衣，還有 3 ～ 4 套尺寸最小（70 ～ 75）的貼身衣服，洗好備用。最近有滿多媽媽會選擇連身衣來代替紗布衣，因為寶寶出生滿 50 天之後就可以開始出門，上衣式的紗布衣常常會捲上來露出肚子，很多前輩媽媽都覺得連身衣比較方便。

新生兒成長的速度非常快，會建議媽咪配合寶寶成長的速度，在需要的時候買便宜的嬰兒服就好，不要買太貴或買太多。另外，小孩的體重增加得比想像中快，所以也盡量不要買當下大小剛剛好的衣服，準備大一個尺寸的會比較好，而且也要考量到接下來的季節和氣候。比如說，5 月出生的寶寶在 5 月這個月就可以先穿紗布衣或薄一點的衣服，因為從 6 月就會開始變熱，可以先做預防性換季，買薄一點的衣服或夏天用的連身衣。如果是冬天出生的寶寶，除了準備貼身衣服之外，也可以多備一件防寒用的太空衣。其他需要的衣服，最好能配合每個時期寶寶的體重或身高，買大一號的尺寸，才不會馬上就不能穿。

另外，寶寶的皮膚非常敏感，在買衣服時一定要先確認一下材質。建議盡可能買 100% 純棉的，就算是新衣服也不代表就一定乾淨，纖維中也可能會殘留對寶寶有影響的化學物質，所以一定要先洗過再穿。標示不能煮的衣服，尤其是竹炭製品，可以先用乾淨的水清洗過，再放到陽光處日照曬乾，就可以藉由陽光來消毒。

Q4 需要買嬰兒洗衣機嗎？洗衣精要買哪一種？

嬰兒洗衣機可以把少量的嬰兒衣物單獨分開來常常清洗，不用擔心被大人衣服上的細菌汙染，或是要啟動好幾次洗衣機，用起來很方便，有些機型還有高溫蒸煮功能幫忙殺菌。可以買二手的，或是等寶寶長大之後，當成內衣褲專用的洗衣機，就滿能回本的。

不過，如果家裡洗衣服的地方已經很窄了，就不用特地另外買嬰兒洗衣機，只要好好地把衣服初步清洗過，再把寶寶的衣服跟大人的衣服分開來洗就可以了。尤其是生雙胞胎的家庭，要洗的嬰兒衣物非常多，光靠一台小小的嬰兒洗衣機根本洗不來。

挑洗衣精的時候，購買前一定要仔細看成分標示，最好選擇成分對環境友善的洗衣精。洗完衣服如果有洗劑殘留，可能會造成寶寶的皮膚問題，所以應該要買容易洗掉的產品。自然分解率越高就越好沖，就算是同一種洗劑，液態也比粉狀的還要容易沖掉。不管用哪種洗衣機，洗寶寶的衣服時洗衣精適量就好，也要多沖幾次，免得洗衣精殘留在衣服纖維裡，反而越洗越不乾淨。

用天然洗衣劑洗衣服

洗寶寶衣服最棒的洗劑，就是天然的過碳酸鈉（氧系漂白劑）、食用小蘇打和檸檬酸。使用方法不難，只要在洗衣服的時候，把食用小蘇打和過碳酸鈉用 1 比 1 的比例泡進熱水混合，就可以代替一般的洗衣精；沖洗時則用檸檬酸水（檸檬酸粉 10g：水 1 公升）取代一般清水。嬰兒衣服沾到汙漬也可以泡在加了食用小蘇打和過碳酸鈉的熱水中，浸泡幾個小時後再搓揉衣物，就可以輕鬆去除汙漬。

我自己用的洗衣精是生物分解度 99% 以上的 nac nac，另外 Attitute 這家產品也是用椰子萃取的界面活性劑。還可以上網詳細瞭解洗衣精的全成分。

前輩媽媽妙招

寶寶的衣服大部分都是棉質的，用烘乾機的話可能會縮水或變形，所以不需要為了嬰兒的衣服買烘乾機。不過，如果目的是要用來烘乾毛巾或大人的衣服，節省做家事的時間，買一台也不錯。

購買有機棉材質的衣服時，請確認一下它有沒有標明有機認證的標誌。此外，在清洗有機棉衣服時，一定要跟其他材質的衣服分開來洗。如果跟一般材質的衣服一起洗，馬上會有移染（轉移汙染）的狀況。

Q5 嬰兒床？床墊？要讓新生寶寶睡哪裡？

跟新生寶寶睡在同一張床上的時候，爸爸媽媽的手腳一個不小心可能就會壓到寶寶、造成寶寶的生命危險，所以建議空間允許的話，最好可以另外幫寶寶準備一個睡覺的地方。如果爸爸、媽媽是睡在床上，也可以在床旁邊接一張嬰兒床，調整好高度就能很方便地跟寶寶對看，而且不用彎腰就可以換尿布並照顧寶寶。

寶寶到了 3 ～ 4 個月時就開始會翻身，可能有掉下床的危險，再大一點，床就會越來越擠，5 ～ 6 個月之後就比較難再睡嬰兒床。因為使用時間不長，所以不需要買全新的，買二手的嬰兒床或跟人家借就可以了。

要是覺得讓孩子睡地上比較安全、不用擔心寶寶有掉下來的風險，可以用圍欄地墊式嬰兒床，或是「床墊＋地墊」的組合也不錯。如果買特大型的圍欄地墊式嬰兒床就可以用很久，或是可以在遊戲房的地墊上鋪上棉質墊子，讓寶寶在上面舒服地睡覺、翻動身體、或爬來爬去，這是最多爸媽選擇的做法。

除此之外，也有人會考慮鋪乳膠墊或乳膠床墊等等，但是軟綿綿的床墊對脊椎還沒發育完全的寶寶來說並不好，而且萬一寶寶不小心翻身、變成趴在上面，可能會沒有呼吸空間，造成窒息的危險。

前輩媽媽妙招

有些嬰兒床的款式還可以變形成沙發或書桌，如果要用租的，月租費大概 800 元左右，有的還可以宅配到府，用完後用寄的歸還就可以了。

因為寶寶的皮膚可能一整天都會碰到遊戲墊，所以墊子的成分非常重要，一定要確認成分中是不是含有害物質。

不小心從床上摔下來的時候，大部分寶寶都不會馬上有什麼異狀。不過，要是寶寶摔下來後睡得比平常久、有 2 次以上的嘔吐現象、鼻子或耳朵出血、或是比平常更愛哭鬧，有可能是腦部出現異常，必須到醫院接受 CT 或 MRI 等檢查。

❶ 決定要讓寶寶睡嬰兒床，還是床墊
❷ 如果要用嬰兒床，先考量使用期間再決定購買
❸ 如果要讓寶寶睡床墊，可以選擇是要用床墊＋地墊組合，或是圍欄地墊式的嬰兒床

Q6 一定要準備嬰兒寢具組嗎？

去嬰兒用品店時，媽咪們都會超級仔細地去看嬰兒的被子和墊子，看完就會想要整組搬回家。不過嬰兒寢具組的活用度很低，奉勸大家不要買。嬰兒用的睡墊比較小，當寶寶開始會翻身、活動範圍變大之後，小睡墊就不夠用了。所以，可以先把大人的墊子摺起來代替，等寶寶會翻身再攤開來用，這樣更好。

新生兒都會包上包巾，不需要另外蓋被子，而且嬰兒的基本體溫比較高，不用蓋到厚厚的棉被，只要用薄毯子或毛巾蓋就好，這樣寶寶也會比較涼快、舒服。等寶寶開始會翻身、爬行的時候，就很難安穩地蓋好被子，這時讓他穿上舒眠背心會比較方便。

如果想用嬰兒定型枕，最好等寶寶 3 個月大以後再用。新生兒喝完奶之後，可能會出現吐奶情形、塞到氣管，所以把寶寶放床上時要注意讓他的頭轉到側邊，不要正面仰躺向上，萬一嬰兒定型枕的凹陷處剛好擋住寶寶的嘴巴和鼻子、讓他無法呼吸就會很危險。因此新生兒的時期，可以拿毛巾或布的尿布摺起來，墊在小孩頭的下方，等寶寶 3 個月大後再使用蕎麥枕或嬰兒定型枕就好。一直使用毛巾或布的尿布來代替枕頭也沒關係，不需要先準備定型枕，等到有需要的時候再買就可以了。

前輩媽媽妙招

防水型的睡墊不會透風，在換尿布或練習排便的時候很好用。夏天的時候可以鋪個涼感墊或人造絲墊，相當涼快。

前輩媽媽妙招

蕎麥枕的優點是可以讓寶寶的頭比較涼爽，但是用了之後就得常常拿去曬太陽，維護起來比較麻煩。

前輩媽媽妙招

買新生兒用的枕頭時，建議挑透氣性佳、好清洗的產品。

1. 不用蓋被子，幫寶寶蓋毛巾
2. 不需要嬰兒用的睡墊，把大人用的墊子摺起來用
3. 把毛巾或布的尿布摺起來當枕頭用
4. 3 個月之後如果有胎熱情形，可以用蕎麥枕；想要調整寶寶頭型，則可以用嬰兒定型枕

Q7 需要買嬰兒專用澡盆嗎？

嬰兒專用的澡盆是在生產之前、或是從月子中心回到家裡之前，就一定要先準備好的產品之一！因為從醫院或月子中心回家之後，就沒有醫護人員替寶寶洗澡，洗澡這項大工程就會變成爸爸、媽媽接手了。用大臉盆代替當然也可以，但是臉盆裡面沒有可以托住寶寶的地方，如果是第一次幫寶寶洗澡，就會很容易崩潰。所以就算用到嬰兒澡盆的時間很短，也一定要準備一個。

有國民嬰兒澡盆之稱的 Shnuggle 月亮澡盆，只需要放一點點水，水位就能升得很高、非常省水；而且澡盆很輕，媽媽要倒水也不費力。這個樣式的澡盆可以讓寶寶靠著或坐著，自己一個人幫寶寶洗澡也相當方便。

像是 IKEA 的 LÄTTSAM 這種稍微大一點的澡盆，底部有防滑條，大小比新生兒澡盆更大一些，也能容納寶寶長大一點之後的體積，所以使用的時間可以更久。如果要給新生寶寶用，可以另外搭配沐浴網，整組買起來的價格非常親民，堪稱 CP 值最高的嬰兒澡盆。

在澡盆裡洗完澡後，要是想馬上再用水把寶寶沖乾淨，就要再準備一個大盆子裝清水，建議要先考量一下家裡浴室的大小再來選擇產品。

Shnuggle 月亮澡盆

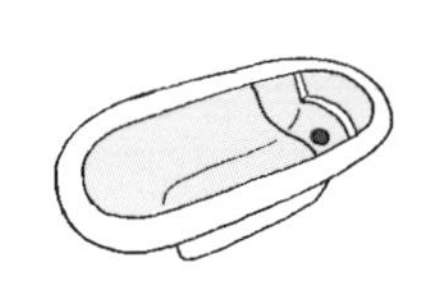

LÄTTSAM 嬰兒澡盆

嬰兒澡盆買大一點的話，寶寶到了 3 ～ 4 歲時都還可以在裡面玩水。只是因為還需要沖水用的大盆子，如果家裡浴室比較窄，直接買兩個大一點的盆子來用應該也可以。

前輩媽媽妙招

如果是一個人要幫寶寶洗澡，就需要新生兒專用的澡盆，不然要托著寶寶的脖子幫他洗澡會很累。

前輩媽媽妙招

我買了兩個比得兔多用途橢圓盆，一個用來洗澡、一個用來沖水，用得滿順手的，價格也不會很貴，以後也都還用得到，覺得很不錯。

Q8 哪裡可以買到不含有害成分的濕紙巾？

擦拭寶寶的身體時，最安全、不傷皮膚的方法就是用紗布巾，雖然麻煩了一點，不過要擦寶寶細嫩的臉、手、屁股等等，最好還是用煮洗過的紗布巾擦是最安全的。第二個安全的方法，就是用拋棄式的乾紗布巾泡水使用。如果為了方便的考量，還是需要購買濕紙巾，就一定要選擇化學成分最少的產品，媽咪們可以確認下列幾個項目來選擇你覺得最安全的濕紙巾。

選購濕紙巾的方法

確認產品全成分　不要只相信廣告上的說詞，一定要確認產品有沒有依照衛生福利部的規定公開所有成分，還有產品中的每一項成分天不天然。

確認水質　從產品包裝或官網上，確認有沒有乾淨的淨水系統處理，還有水質品管如何。

確認紙巾材質　應該要選購天然紙漿或嫘縈纖維比例達到 65% 以上的產品才夠柔軟，皮膚問題也會比較少。

確認保存期限　因為怕有細菌滋生的風險，最好使用保存期限短、用量少的濕紙巾，並且盡快用完。

濕紙巾因為含有水分，如果沒有化學物質的抑制，就容易有細菌滋生，建議未開封 1 年內、開封後 1 ～ 3 個月內就要用完。每次使用後都要立刻蓋上蓋子密封，這是最能防止細菌滋生的方法。

前輩媽媽妙招

我只有外出會用濕紙巾，可以的話我盡量都用紗布巾。我自己準備了 20 條以上的紗布巾，隨時都可以換著用。

前輩媽媽妙招

最近可以買到很多種類的乾紙巾、拋棄式紗布巾，可以直接乾用，也可以泡開水之後當濕紙巾用。不管是要用在寶寶的臉和手，還是要用在屁股上，我覺得最好根據不一樣的用途使用不同的產品。

前輩媽媽妙招

我在媽媽教室和婦幼博覽會有拿到紗布巾，另外買嬰兒用品時有收到、醫院和月子中心也有送，我覺得紗布巾很重要就統統收集起來，非常好用！

Q9 乳液、嬰兒油、乳霜……，要挑哪種產品？

前輩媽媽妙招

我會在婦幼博覽會拿各種試用包，試用一點之後才會買正品來用。還可以先買綜合乳液、乳霜、沐浴乳等幾個種類的旅行用套組來試用看看，這個方法也滿不錯的。

前輩媽媽妙招

我家寶貝的皮膚非常乾，幾乎什麼產品都用過了。我在月子中心用的是法貝兒 Biolane，新生兒時期用舒特膚 Cetaphil AD，後來又用諾格那 Logona 護膚油、潔美淨 Physiogel ai 和愛多康 ATOPALM，只要是保濕力好的，不管多貴我都買來用過了。最後用下來發現，儀寶 Eubos 的集中保濕霜最適合我們家寶寶，所以之後我都只用這個。評價好的產品不一定適合自家寶貝，會建議媽媽們多用幾種之後再決定。

一般來說，寶寶洗澡用清水洗就可以了，衛福部也建議不要讓嬰幼兒接觸太多界面活性劑，最好等 3 個月大之後，再用嬰兒肥皂、沐浴精和洗髮精等產品。不過，要是寶寶的皮膚太乾或有異位性皮膚炎，醫生有建議用專門的沐浴用品，可以用 34 ～ 36 度的溫水幫寶寶洗澡，也要注意做好充分的保濕。

嬰兒沐浴用品一定要買不含化學成分、成分天然的產品。產品的保存期限很長，表示可能用了化學防腐劑 Paraben（對羥基苯甲酸），所以還是要挑有德國 BDIH（有機認證）、Dermatest（肌膚敏感性測試）等認證，保存期限短的有機認證產品，用起來會比較放心。前輩媽媽們常用的嬰兒沐浴用品品牌有嬌生、儀寶 Eubos、舒特膚 Cetaphil、地球媽媽 Earth Mama 等。

嬰兒用的乳液或乳霜，關鍵在於保濕力。如果寶寶的皮膚不會很乾，用乳液就可以了，但要是皮膚太乾燥或者有異位性皮膚炎的徵兆，就必須配合狀況使用乳霜或油類的產品來提升保濕力。法貝兒 Biolane、潔美淨 Physiogel、艾惟諾 Aveeno 等，都是前輩媽媽們常用的品牌。

萬一寶寶皮膚非常乾，最好使用加強型的異位性皮膚炎專用產品，才能保護嬰兒的細皮嫩肉，例如：愛多康 ATOPALM、舒特膚 Cetaphil AD、潔美淨 Physiogel ai、艾芙美 A-DERMA、儀寶 Eubos 乳霜等。

❶ 滿 3 個月以前只用清水洗澡
❷ 選購乳液、乳霜、沐浴用品等產品時，先上 CosDNA* 網站查詢全成分
* CosDNA：http://www.cosdna.com/cht/
❸ 先要試用包試塗在手或腳上，沒有異常再使用

Q10 奶瓶、消毒鍋……，哺乳用品需要準備什麼？

生完之後會直接從醫院住進月子中心的媽咪們，除了哺乳內衣、護腕之外，不需要準備其他哺乳用品。就算母乳量很少，需要混合配方奶也不用擔心，可以使用月子中心準備的奶瓶和奶嘴頭。不過，如果計畫要持續親餵，擔心寶寶會出現乳頭混淆的問題，建議可以買個仿真乳頭奶嘴頭和搭配的奶瓶備用。相反地，要是母乳量很多，則可以買母乳袋，擠出初乳裝在裡面冰起來。

擠乳器可以先在醫院或在月子中心試用看看，等真的需要擠乳時再買就可以了。我自己是免費試用後用租的，建議用過之後覺得有需要再買就好。

待在月子中心的期間就能大概推測出之後是要餵母乳、餵奶粉，還是要混合餵奶了。母乳量多、需要擠奶的話，可以參考在月子中心用過的擠乳器來選購；母乳量少、需要混合餵奶或全程餵配方奶的話，基本上就需要準備奶瓶、奶嘴頭、奶瓶清潔劑和奶瓶刷，除了這些之外，還需要煮奶瓶的不銹鋼鍋或奶瓶消毒鍋，這些可以在網路上訂購。

前輩媽媽
妙招

有些月子中心，在你出院時會送新生兒用的奶瓶和之前寶寶吃過的品牌奶粉當成禮物，可以先問月子中心再準備。

如果是餵配方奶，通常會繼續喝之前在醫院或月子中心喝的奶粉。沒有特別狀況的話，可以先喝之前喝的；要是想換別種奶粉，可以在原本的奶粉先加一點點，之後再慢慢增加、更換會比較好。

在換奶粉的時候，不要一次買很多起來存放，先買一兩罐讓寶寶喝就好。一定要先確認這品牌的奶粉寶寶喝不喝得慣、喝了會不會拉肚子，如果寶寶適應得很不錯，那時再買多一點會比較好。

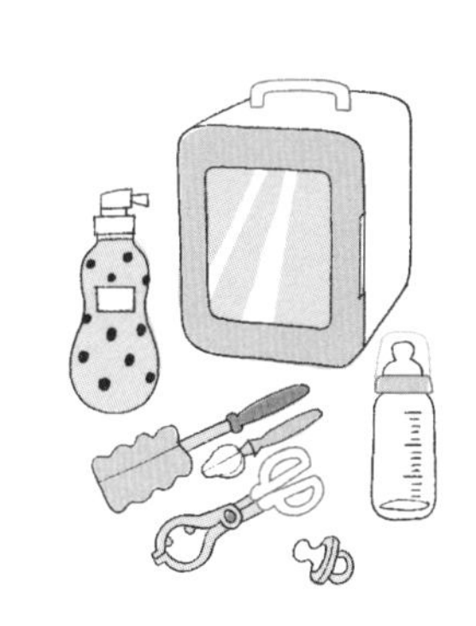

如果確定要餵寶寶奶粉，就先準備 7 ～ 8 組 160ml 的奶瓶和奶嘴頭、奶瓶消毒鍋、奶瓶清潔劑、奶瓶刷、奶嘴刷，還有寶寶在醫院或月子中心喝過的奶粉牌子 1 ～ 2 罐

Q11 一定要有哺乳枕嗎？

會建議一定要買哺乳枕的媽媽們，都說有哺乳枕的話，就可以讓手腕和手臂不用那麼累、減少腰部的負擔，還能讓你輕鬆掌握正確的餵奶姿勢。不過也有媽媽持相反意見，說用哺乳枕之後反而更難找到舒服餵奶的姿勢，而且等寶寶稍微再長大一點就用不到了，乾脆一開始就直接用一般枕頭來代替還比較好。

大致上到了寶寶 3 個月大左右，餵奶的時間就會變長，媽媽的手腕、腰等部位的負擔都會越來越重，所以網路上很多媽媽社群裡的評論都說，哺乳枕如果用得好的話，就會非常有效果。

哺乳枕有分 C 型枕和 O 型枕，很多人覺得 C 型枕可以緊緊靠著寶寶，讓媽媽可以比較容易找到舒服的餵奶姿勢，所以有滿多媽媽選用 C 型枕，而且也方便讓媽咪坐在沙發上餵奶。而 O 型枕則是在 C 型枕的基本架構上，再加入媽媽腰部後方的支撐墊，優點是寶寶可以直接躺在上面，如果寶寶睡著了，媽咪不用搬動寶寶，就可以直接把整個哺乳枕卸下來放在旁邊。不過也有人說，坐靠在沙發上要餵奶的時候，會有點不方便。哺乳墊則是可以讓寶寶坐著喝奶，餵奶粉的時候很好用。

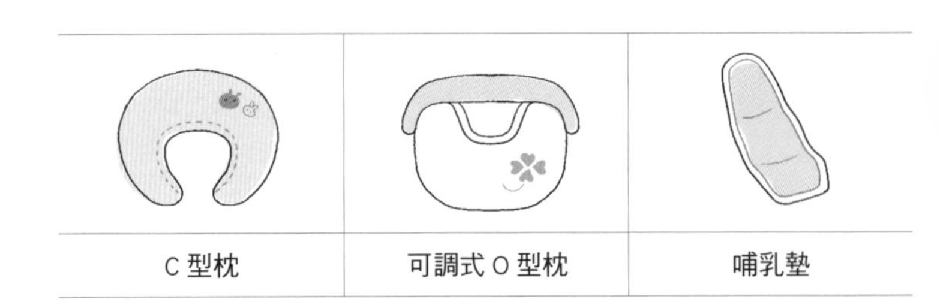

C 型枕	可調式 O 型枕	哺乳墊

前輩媽媽妙招

嬰兒用品就是這樣，有的時候很方便，沒有也可以用別的方法代替。但如果想減輕手臂痛和腰痛，我還是會投買哺乳枕一票。最好先用過醫院或月子中心裡的哺乳枕，再選擇要不要買。

前輩媽媽妙招

哺乳枕材質也很重要，可以看到實品的話，建議要確認材質會不會太滑，還有好不好洗。

如果要同時幫雙胞胎餵奶，我覺得大尺寸的 O 型哺乳枕滿好用的。

Q12 紙尿布到底要選哪一種？

「我工作就是為了賺奶粉錢、尿布錢。」你馬上就會體驗到，這句話真的不是開玩笑的，可千萬別小看奶粉和尿布的價格。本來品牌就已經多到不太好選了，再加上還要擔心製作過程中會不會汙染到有害的化學成分，更是讓選擇尿布這件事變得難上加難。

友善環境的尿布是用玉米或天然紙漿當成原料，對皮膚的刺激性低、還可以 100% 被微生物分解，安全性相當高；不過唯一的缺點就是價格也相對非常貴。因此，雖然稍微不方便一點，但最近還是有越來越多的媽媽選擇使用布尿布，既環保又能保護寶寶。每種尿布都各有優缺點，建議還是要視自己的情況來做選擇。如果打算使用紙尿布，就要考量以下幾點來選購。

紙尿布選擇法

尺寸　一般來說，新生兒紙尿布大概會用一個月左右，隨著寶寶漸漸長大，可以參考包裝上標示的體重，不過不要買剛剛好的尺寸，建議買稍微大一點的比較好。尤其大腿的地方要留一兩根手指寬，才不會不斷摩擦寶寶的皮膚。

材質、吸收度、透氣度　如果尿布會磨到寶寶的皮膚、或讓寶寶起尿布疹，就不適合繼續使用，可以改用布尿布、或其他牌子的產品讓寶寶用用看。

價格　如果條件一樣，可以看一下每片多少錢，然後估算使用期間，一次多買幾包，價格會比較優惠。也可以把日用紙尿布和夜用紙尿布分開，白天比較常換可以買便宜一點的就好，晚上寶寶尿比較多，又沒辦法一直幫他換，就可以選購透氣高、吸收力強、價格稍微貴一點的產品。

前輩媽媽妙招

選購尿布時，可以先買個一兩片來看看適不適合自己的寶寶，而且最好考量寶寶體重增加的速度來決定購買尿布的數量。要是瘋狂買一大堆，後來就會因為尺寸不合而剩很多。

前輩媽媽妙招

用天然紙漿和友善環境的吸收劑做成的環保尿布中，滿多人使用的產品有 Naty（瑞典）、Bambo Nature（丹麥）、Attitude（加拿大）、艾可起源 EcoGenesis（英國）等品牌。

前輩媽媽妙招

如果收到別人送的整箱尿布，但尺寸太小，可以問問附近藥局或是原廠，只要補差價，大部分的商家都可以讓你換大一點的尺寸。

Q13 布尿布要怎麼樣才能用得順手？

我家寶寶新生兒時期，一天大概要換 20 次以上的尿布，所以一開始我是白天先用紙尿布，只有晚上用布尿布，後來才慢慢都換成布尿布。

有越來越多媽媽擔心紙尿布裡含有害成分、影響寶寶健康，所以選擇使用布尿布。布尿布不用擔心有害成分、又可以減少開銷，而且不會製造垃圾、能減少環境汙染。加上材質透氣性好，寶寶屁股比較不容易起尿布疹。不過缺點就是吸收力不像紙尿布那麼好、需要常換，外出時比較不方便，晚上也容易因為太濕而把寶寶弄醒。還有，最麻煩的就是清洗這一項了，但是因為布尿布的優點多多，所以還是有很多媽媽持續使用布尿布。

前輩媽媽
妙招

我在家是用四角型尿布，加固定帶固定；外出時間比較短的話就用花生型尿布加尿褲；萬一外出時間很長，我就會改用紙尿布。我會看狀況用不同種類的尿布，這樣比較方便。

布尿布種類

花生型尿布　外型長得像花生的尿布，用固定帶或尿布褲幫寶寶穿上就可以了。吸收力強，而且每次用的時候都不用摺，比較方便。

四角型尿布　需要摺起來用的尿布，也可以當毛巾、尿片、嬰兒包巾等，用法很多。

一體型尿布　可以像內褲一樣整件穿上的尿布，只需要穿和脫，換起來很方便，但價格比較高。

有很多種的尿褲和固定帶都可以搭配花生型和四角型的尿布片使用，最多人使用的就是可以防水的尿褲了。防水尿

花生型尿布	四角型尿布	一體型尿布

褲還分成直接放上尿布片的尿兜，還有多車一層乾爽層、有中空口袋可以放尿布片的口袋式尿褲。另外還有羊毛尿褲、棉尿褲、尿布固定帶、尿布夾等選擇。

尿褲	尿布固定帶

布尿布順手使用法

大小便分開用　新生兒時期隨時都會大便，但過了幾個月就能大致算出寶寶大便的時間點。平常可以幫寶寶穿布尿布，到了大便時間就改穿紙尿布，這也是一個方法。寶寶大便在布尿布上時，可以把尿布拿到馬桶上用蓮蓬頭沖，先沖掉大便再洗會比較好洗。

用過的尿布立刻洗　用過一次的布尿布用水清洗後，浸泡在加了食用小蘇打的水中，每天早上用洗衣機洗、每個週末都煮過一次，就能保持尿布的乾淨度。在水中泡太久容易滋生細菌，所以浸泡到一定時間就要洗好、曬乾。

用天然洗劑清洗　洗衣時用洗衣精＋過碳酸鈉，或過碳酸鈉＋食用小蘇打粉先洗過一次，洗淨時再加入檸檬酸一起洗。或者是將尿布用清水洗過，先抹上 EM 肥皂之後再用洗衣機洗也可以。

前輩媽媽妙招

我剛開始就一口氣買了 30 ～ 40 條的布尿布，用了之後發現要清洗實在很累人。我覺得一開始先跟紙尿布一起併用，等到布尿布用習慣之後再慢慢提高用布尿布的比例，才不用那麼累。

就算寶寶用的是紙尿布，還是可以買個 10 條左右的四角型尿布，用在各種地方都很好用。像是當成嬰兒包巾、沐浴用擦巾、換尿布的墊子、睡覺用的蓋被、擦屁屁用的毛巾等等，還能捲起來當枕頭、或鋪在防水墊上幫寶寶吸汗，可以用很久。如果寶寶的屁股起了嚴重的尿布疹，也可以用來取代紙尿布，幫助減緩症狀。

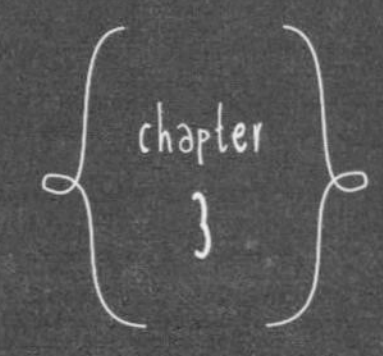

我的身體不是我的！
擺脫月子期間精神崩潰

傷口刺痛、身體痠麻、全身上下都在痛，好像沒有一個地方好好的！親愛的媽咪，你也面臨產褥期嗎？自己身體痛得要死還要顧小孩，擔心萬一月子沒坐好，一輩子落病根……怎麼做才能聰明坐月子，同時顧好小寶貝呢？讓醫生和前輩媽媽告訴你絕不後悔的產後坐月子法。

如果讓我重坐一次月子？

孩子需要夫妻二人一起照顧

我以前都覺得寶寶本來就要由媽媽顧，哪怕我再累，也理所當然認為要繼續撐下去。我都心想：「老公要上班很辛苦，而且我比較上手。」所以就自己一個人獨力照顧寶寶。幾個月之後我不但累倒，還出現產後憂鬱症。要回到原點重來真的絕無可能，加上時間過得越久，老公越是什麼都不會，所有事情就統統落到我頭上，最後只剩下這種模式。所以，我真的強烈建議媽咪們從寶寶新生兒時期開始，就要跟老公一起育兒，至少一天也要有 1 小時的個人時間，這樣才能顧好媽咪自己的身心，幸福又健康地育兒。

珍惜自己的身體，才能把漫漫的育兒之路走好

我覺得找來的月嫂不太合我意，就凡事自己來。一直覺得他沒有做到我要求的標準，之後我乾脆連飯都自己煮，打掃、消毒奶瓶什麼的也都做到我自己滿意為止。結果後來我的手腕非常非常地痛，我才警覺到：「完了！我手腕還要用一輩子耶！」從那時候開始，即使事情沒有那麼合我意，我也會先考量我的身體狀況、好好休息。想跟每個新手媽咪說，就算月嫂做的讓你不是很滿意、就算家裡亂到讓你快受不了，也請先保重自己的身體。等3個月之後，身體都恢復得差不多了再去處理也不遲。

chapter 3

不要看月嫂的臉色

花那麼多錢請月嫂，是請他來幫忙的，遇到什麼不舒服、不適應的地方，難道還要統統忍下來、自己苦撐嗎？比起當一個善良的產婦，更要當一個懂得照顧自己的聰明產婦。所以，在產前就一定要一一核對、確認月嫂該扮演哪些角色，像是幫產婦做飯、照顧寶寶和產婦……等，要確實瞭解月嫂該做的事。如果覺得有問題，也要直截了當地告訴對方。很多媽媽會煩惱說：「我該不該跟他講這個呢？」若能事先清楚瞭解月嫂的工作內容，就更能輕鬆開口了。要是溝通之後狀況也沒有改善的話，建議趕快申請換人，希望大家都能坐好月子，不要覺得有遺憾。

身體恢復的話，就開始運動吧！

如果覺得身體很累就一直躺著，恢復的速度反而會變慢。自然產的媽咪，生完之後就可以開始運動了；剖腹產的媽咪等到腹部不適感消失之後，也最好開始動一動身體。有人說餵母乳有助於瘦身，但要是為了餵母乳就毫無節制地吃，反而會變胖，建議吃到適量程度就好。有人說產後 6 個月是減重黃金期，如果沒有恢復到產前體重，之後就會更難剷肉，我覺得產後 1 個月左右，就要開始均衡攝取營養，也同時透過運動來恢復體態會比較好。

產後 100 天確認重點

生產當天

- □ 產後腹痛、惡露、會陰或手術部位的疼痛程度
- □ 剖腹產的產婦要觀察尿液

產後第 2 天

- □ 產後腹痛、惡露、會陰或手術部位的疼痛程度
- □ 餵寶寶初乳
- □ 在近的地方散步
- □ 自然產的產婦開始做簡單體操
- □ 剖腹產的產婦吃稀飯

產後第 3 天

- □ 產後腹痛、惡露量增加、疼痛減緩
- □ 自然產產婦做尿液檢查、量體重及血壓；寶寶做體溫、黃疸、關節、先天性代謝異常等檢查後出院
- □ 毛巾用熱水打濕，只擦臉和脖子

產後第 4 天

- □ 會陰或手術部位疼痛減緩
- □ 母乳分泌量增加、有沒有乳腺炎
- □ 按摩乳房
- □ 一天 2～3 次坐浴
- □ 剖腹產的產婦開始做簡單體操

產後第 5 天

- □ 惡露轉為褐色
- □ 正式開始哺乳

產後第 6 天

- □ 可以簡單淋浴
- □ 惡露轉為黃色、白色
- □ 剖腹產的產婦拆線後出院

產後 100 天是產後調理最重要的時機，如果沒有趁這時期好好管理身體，就會恢復得很慢，也可能留下後遺症導致一輩子辛苦。經歷了生產的巨大變化後，在這段重要的恢復期間應該注意哪些項目呢？我們來瞭解一下吧！

〔產後 1 個月的確認重點〕

□ 觀察惡露變化：如果惡露的分泌量過多，且過了 10 天都沒有減少，還一直分泌紅色的惡露，就要接受治療

□ 不要做家事：到產後第 8 週都算是產褥期，這時需要讓虛弱的身體恢復，不要勉強自己做事

□ 預防產後憂鬱症：雖然是暫時性的，但這段時間產後憂鬱的感覺可能會變嚴重，如果覺得難受就要尋求家人協助

□ 產後體操：產後第 2 天開始就可以做些簡單的體操

□ 產後回診：產後滿一個月時就需要做健康檢查，如果身體恢復順利，就可以回歸原本的正常生活了

產後體操 產後一個月內可以持續下列幾項運動

產後第 2 天開始：直直躺平，把頭抬起來，稍微停一下再把頭放下。

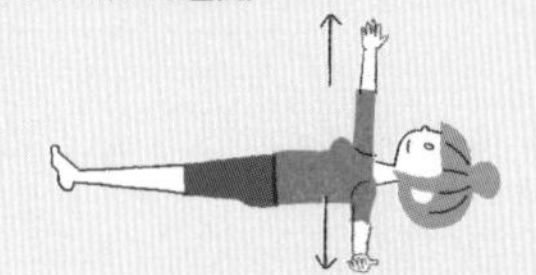

產後第 3 天開始：躺平後，雙手打開呈平行，輪流將左、右手向上抬。肩膀提高運動可以刺激乳房，幫助分泌母乳。

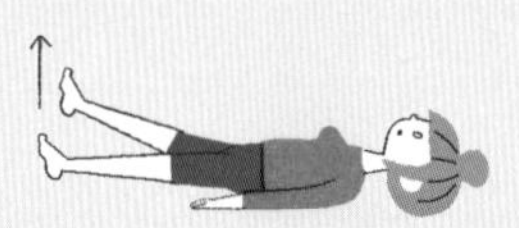

產後第 4～6 天開始：直直躺平之後，不用手的力量，做抬起上半身和抬腳的運動。

產後 1 週後開始：將之前做的上下半身運動動作幅度加大，刺激肌肉收縮。

〔產後 2 個月的確認重點〕

□ 稍微恢復正常生活：可以開始有日常的外出或散步等

□ 飲食均衡：對哺乳媽媽來說，飲食會影響母乳，需要注意均衡

□ 跟老公一起育兒：寫出時間表，讓老公也一起育兒

□ 做產褥期體操：為了讓被撐大的肚子和骨盆肌肉回到原本的狀態、恢復產前身材，開始做產褥期的體操（參考 P.111）

〔產後 3 個月的確認重點〕

□ 預防尿失禁運動：會陰疼痛消失後，就可以開始做

□ 避孕：即使還在哺乳中，產後約 2 ～ 3 個月時還是會有生理期，要注意避孕

□ 準備重返職場：重返職場前先決定照顧寶寶的人選，並調整好餵母奶的間隔

★尿失禁預防運動

12 ～ 14 秒　1 分　46 ～ 48 秒

1. 看向天花板躺下、兩腳張開，注意力集中在肛門周圍的肛門括約肌上。

2. 肛門和骨盆肌肉用力，往上收緊，停 12 ～ 14 秒。注意肚子不要用力。

3. 然後完全放鬆不要出力，休息 46 ～ 48 秒。反覆做 10 次（約 10 分鐘）。

〔產後 4 個月的確認重點〕

□ 多抱抱孩子：這時期的寶寶會為了想跟媽媽親近而哭，媽媽可以多逗弄並抱抱他

□ 管理體態和體重：這段期間會明顯恢復體態，要透過運動、管理體重來維持體型

□ 計畫下一次的懷孕：會開始有生理期，做好懷孕或避孕的規劃

產後 1 個月 check point

- □ 觀察惡露變化
- □ 不要做家事
- □ 預防產後憂鬱症
- □ 做產後體操
- □ 產後回診

產後 2 個月 check point

- □ 稍微恢復正常生活
- □ 飲食均衡
- □ 跟老公一起育兒
- □ 做產褥期體操

產後 3 個月 check point

- □ 要做預防尿失禁的運動
- □ 要避孕
- □ 準備重返職場

產後 4 個月 check point

- □ 多抱抱孩子
- □ 管理體態和體重
- □ 計畫下一次的懷孕

前輩媽媽告訴你產後的身體變化

生產完後 1 個禮拜，媽媽的子宮會縮小一半，過 2 週就會復位回骨盆內，大概到 6 週左右，就差不多會回到產前大小。生產之後不只子宮會改變，幾乎全身上下都會在短時間內出現急遽的變化。要先瞭解正常的變化過程，一旦覺得有異常，就要立刻尋求醫師協助。

{ 產後的身體變化 }

媽媽生下孩子都會覺得幸福，但同時也會沒來由地因為一些小事感到憂鬱。產後憂鬱的情緒大概會在生產完 3 ～ 10 天內出現，在第 3 ～ 5 天時會達到最高峰，之後就會很快好轉，大概 1 ～ 2 個禮拜就會自然恢復正常。

惡露　隨著子宮內膜癒合而排出的分泌物，一開始是紅色，到 3 ～ 4 天之後會變成褐色，約 10 天後就會轉成白色。大致上會持續 2 ～ 6 週，只有產後 2 ～ 3 天量會很多，3 ～ 4 週後就會消失。

產後腹痛　因為子宮恢復到原本狀態而伴隨的腹部疼痛。分娩後 3 天疼痛感就會減少。

分泌初乳　分娩後 1 ～ 2 天左右（剖腹產約 3 ～ 7 天）就會開始分泌初乳。

會陰疼痛　切會陰而出現的疼痛，7 ～ 10 天左右就會痊癒。

尿失禁　因為尿道周圍肌肉受損，大約有 3 ～ 26% 的產婦會出現尿失禁現象。一年後如果症狀沒有好轉，就需要接受治療。

便秘　纖維食物攝取不足、會陰疼痛等原因，都會造成生產 2 ～ 3 天後出現便秘狀況。

生產完如果腹部過度撐大，可以穿塑身褲或束腹帶。像這樣的腹部下垂，需要幾週時間才能恢復到原本狀態，不過要是想恢復腹部肌肉的彈性，就需要適度運動。自然產的人生完就可以開始運動，而剖腹產的人則是等腹部的不適消失後才能開始運動。

水腫　雖然產後沒多久，胎盤、羊水等都會排出體外，體重大約會減少 4.5 ～ 5.9 公斤，但身體還是會繼續水腫。之後慢慢藉由利尿和排汗效應，體重會再減少 2.3 ～ 3.6 公斤，那時水腫就會消失

關節痛、恥骨痛　生產時打開的關節要回到正確位置，就會出現疼痛。與其因為疼痛而靜靜不動，不如輕輕、自然地活動關節，可以幫骨盆回到位置。如果疼痛還是一直持續，就要接受治療。

前輩媽媽強力推薦！產後坐月子 5 大產品

坐月子期間，有些小東西能帶來極大的方便。除了投資寶寶，也要投資自己喔！這樣才能舒服又聰明地坐月子。

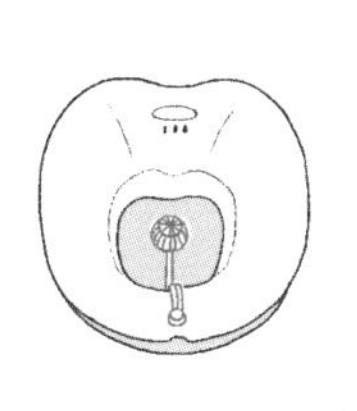

坐浴盆

有些月子中心會送坐浴盆，也有醫院會提供放在馬桶上使用的坐浴用盆子。坐月子期間如果想徹底排出惡露，就需要坐浴盆。

我的全身相當痠痛，煩惱之餘就租了一台按摩機來用。雖然不是一筆小數目，不過從結果看來卻是個不錯的選擇。

護腕

戴上護腕可以保護手腕關節，也能減緩疼痛。選購可以配合手腕粗細來調整的款式，會比連大拇指都一起套住的款式更方便。

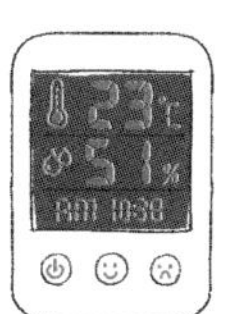

溫濕度計

產後媽咪可能會覺得冷或熱，另外還要幫寶寶維持舒適的溫濕度，很難光靠身體感覺來判斷。為了維持適合的溫度、濕度，應該要有一個溫濕度計。

我整個小腿都水腫，就用了 Seven Liner 的小腿按摩機，超級有效。這台機器不只產褥期可以用，等孩子大一點也可以當腿部按摩機，真的很棒。

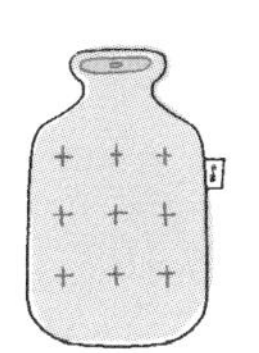

熱敷袋

對於全身覺得又重又痛的產婦來說，熱敷袋絕對是必備好物。敷在腰上或背上，就可以讓全身放鬆；產後腹痛發作時，也可以把熱敷袋放在肚子上，可以有效舒緩疼痛。

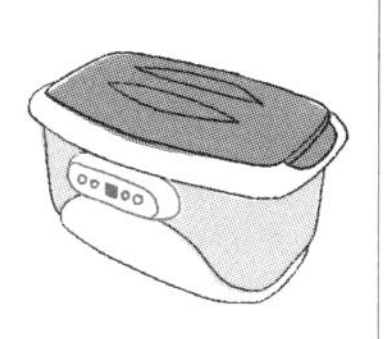

蠟療機

我自己因為嚴重的手腕疼痛買了這台機器，對手指痛、手腕痛效果很不錯。雖然這不是能根治的治療法，但很痛的時候用一次就能減緩疼痛。

Q1 產後腹痛太痛了，有解決的好辦法嗎？

對於產後腹痛，大家有各式各樣的意見，不過對我來說，止痛藥＋溫暖的熱敷袋＋側睡就是最棒的治療方法了。再加上輕輕地由上往腹部下方按摩，就不會再繼續痛。

產後經歷的變化除了產後出血、惡露、會陰痛之外，生產後身體也會重新調節體溫，可能會有發冷現象，還可能因為體內水分改變而產生暈眩。此外，懷孕期間累積在體內的水分會經由汗腺排出，所以會流很多汗。

生產完之後的第 2 ～ 3 天對媽媽而言，可以說是最辛苦的一段期間了。想讓身體早一點恢復就需要好好休息，不過如果還想要努力餵新生寶寶喝到營養的初乳，就很難同時照顧好自己的身體。

生產完之後，肚子還是會感受到陣陣的疼痛，媽咪們不用太焦慮，這是子宮正在恢復的正常過程。生產時的子宮會撐大到比原本大 1000 倍左右，而產後為了回復到原本的狀態，子宮會開始收縮，這個時候肚子會覺得痛，這就叫做「後陣痛」，或稱為「產後腹痛」。一般來說，過 2 ～ 3 天就會好轉，不過偶爾也會發生比陣痛還要嚴重的產後腹痛，而需要吃止痛藥或注射止痛劑。

所謂的後陣痛，其實就是表示子宮和各個器官要回到原本各自的位置，就算很痛也不用太擔心。此外，幫寶寶餵母乳時，媽媽體內就會自然分泌更多的催產素荷爾蒙，加快子宮的收縮，所以認真哺乳其實對於產後恢復也是很好的。子宮要完全恢復到原本的狀態，大約需要 6 週左右的時間，建議媽咪們身體稍微恢復之後，就不要長時間坐著或躺著不動，最好能輕鬆地走動一下。

❶ 在肚子上放熱敷袋，讓肚子變溫暖
❷ 努力餵母乳

Q2 惡露，會流到什麼時候？

生產後，跟著產後腹痛一起折磨人的就是惡露了。所謂的惡露，指的是分娩後子宮內膜的黏膜、血液等剝落並排出身體的分泌物。不只流量多，而且還伴隨著令人討厭的臭味，比會陰痛更讓媽咪們倍感煎熬。

產後 2 ～ 3 天左右，惡露的流量會比生理期的經血流量大上許多，之後才會漸漸轉成褐色、黃色，最後變成白色，流量也會跟著減少。一般大概會持續 3 週的時間，長的話也有可能持續到 6 週以上。期間長短根據每個人的身體狀況會有很大的不同，所以不需要跟其他產婦比較，覺得好像只有自己比較久而感到擔心。

如果想讓惡露趕快排完，建議可以持續坐浴。一開始進行坐浴的時候，一次約 15 ～ 20 分鐘，一天 3 ～ 4 次；這樣做一個禮拜之後，就可以把坐浴的時間減為一次 10 分鐘，一週 2 ～ 3 次了。

坐浴不僅能幫助排出惡露，還能減緩會陰疼痛。會陰部在產後第 2 ～ 3 天會最痛，過一個星期就會明顯改善。但如果已經超過一週或 10 天，疼痛都沒有減緩的趨勢，表示可能有其他狀況，應該要到醫院請醫生看一下。會陰痛得很厲害的話，可以使用甜甜圈狀的產後坐墊來保持會陰附近的通風，也要持續坐浴。

有尿失禁或痔瘡時，做些能收縮、放鬆陰道肌肉的凱格爾運動（骨盆底肌肉收縮運動）會很有幫助。一天從做 20 次開始，之後再慢慢增加次數。

很多媽媽產後都有痔瘡的症狀，溫水坐浴是最好也是最有效的解決方法。如果情況很嚴重，可以立刻去醫院，完全不用覺得不好意思。

分娩時尿道周圍的肌肉受損，所以 3 ～ 26% 的產婦有尿失禁的現象。自然產出現尿失禁的機率，比剖腹產來得高，如果生產超過 1 年都還是持續有尿失禁現象，有可能變成長期症狀，所以一定要接受治療。

1. 剛開始坐浴一次約 15 ～ 20 分鐘，一天 3 ～ 4 次；一週後一次 10 分鐘，一週 2 ～ 3 次
2. 持續坐浴直到惡露結束

Q3 產後水腫什麼時候會消退？好怕自己變成大象腿

生完之後，寶寶、胎盤、羊水和血液都會排到體外，體重大約會減少 4.5 ～ 6 公斤左右。不過生產後第 3 天起，大部分女性的體重就會因為荷爾蒙的影響而再次增加，之後會再藉由利尿和發汗等作用減少 2.3 ～ 3.6 公斤的體重。

我在醫院住院的時候都穿著彈性褲襪，我覺得我的水腫有因為這樣比較消下去。

本來以為生完孩子體重就會減輕，沒想到反而還因為手術吊的點滴，讓體重增加了，全身也變得腫腫的，其實這種情況相當常見。產後水腫一般來說會從生完第 3 ～ 4 天出現，一個月內就會自然消腫。大部分的人只要在產後 6 個月內好好調理身體，懷孕時增加的體重都會再次減掉。

萬一坐完月子後還是有明顯水腫，可能是因為惡露沒有排乾淨，或是多餘的水分沒有順利排出、還殘留在體內。雖然水腫看起來像身上的肉，但是跟肉不一樣，建議可以做一些幫助身體排出水分的運動。

最好的方法不是激烈運動，而是比較和緩、輕鬆的運動，像是走路這種能讓體溫些微上升、稍微出汗的運動，這樣就能幫助活化新陳代謝、排出水分和老廢物質。此外，如果吃東西的時候吃得比較鹹，身體就會為了稀釋體液而累積更多的水分，所以媽咪們飲食最好吃得清淡些，也要盡量避免又辣又鹹的食物。

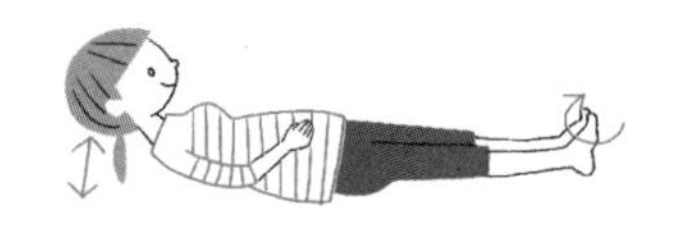

從旋轉腳踝、把腳尖壓平並深呼吸，或是躺著把頭抬起來等這種簡單的姿勢開始。

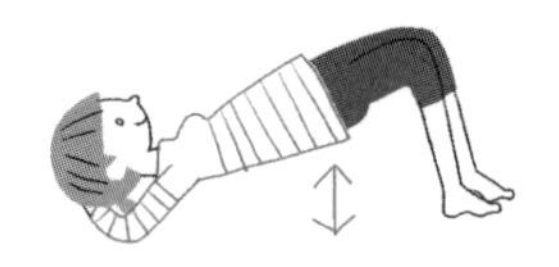

躺著看上面，膝蓋彎起、雙手放頭後面，把腰抬高，稍微停一下再回到本來的姿勢。

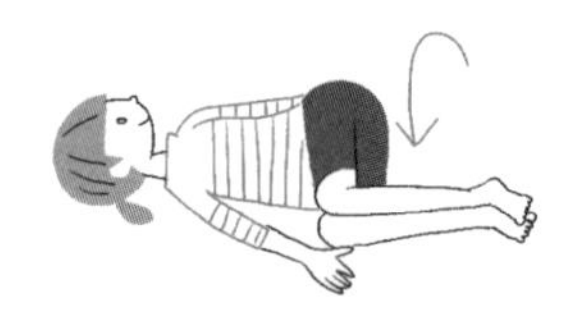

躺著看上面，膝蓋彎起、雙手自然放在身體兩側，膝蓋倒向一邊，稍微停一下再回到本來的姿勢。然後往反方向做，反覆幾次。

Q4 南瓜汁、紅豆水可以改善水腫嗎？

很多媽媽為了消除生產後的水腫，就常常喝南瓜汁、或是吃南瓜粥，還有紅豆也是大家在聊到消水腫的時候會常提到的食物。其實不論哪種食物都一樣，就算真的有療效也不一定適合每個人，所以還是要先瞭解這食物到底適不適合自己，而且吃的時候也要適量地吃。

南瓜汁和紅豆水用來消水腫之所以那麼有名，是因為南瓜和紅豆有利尿的作用。生產後出現的水腫是因為水分累積在皮膚造成的，跟一般時候出現的水腫不同。如果因為想讓這些水分藉由尿液排出，就吃太多有利尿作用的食物，反而對身體不好，而且也沒什麼效果。因為這些水分是要透過流汗排出，而不是透過尿液。產後如果吃太多南瓜和紅豆，還可能會影響到餵母乳，所以建議等產後過一個月時，有排尿異常或腿部出現嚴重水腫時再吃比較好。

有些人會為了消水腫故意讓自己流汗，流汗的確可以消水腫，但故意把衣服穿得很厚、或是開暖氣把自己弄得很熱，對身體是沒有益處的。刻意讓自己流汗反而會造成體內水分不足，或是因為不當消耗能量而讓媽媽變得沒有力氣。所以當媽咪們想要讓自己排汗時，最好的方法就是做些輕量的運動，讓身體自然而然地出汗。

我因為生完之後有水腫情形，就問醫生能不能喝南瓜汁，我的主治醫生說南瓜有利尿作用，可能會減少母乳量，建議我生產一個月之後再喝。

很多人坐月子的時候會把房間弄得很熱，會建議房間溫度落在稍微溫暖的 22 ～ 24 度比較舒服。另外可以穿薄薄的棉質內衣，有助於吸汗。

❶ 產後一個月再喝南瓜汁、紅豆水
❷ 用輕量運動排汗、伸展

Q5 有乳腺炎真的好想哭，請幫幫我吧！

前輩媽媽
妙招

剖腹產通常要過一週左右，母乳量才會開始增加，結果我3～4天後母乳量就增加很多，真的非常痛苦。不過因為我有先學過哺乳的姿勢，這也滿有幫助的。

想瞭解餵母乳的任何問題，都可以向「華人泌乳顧問協會」諮詢；另外，也可以上 FB 社團「母奶娃娃考考妳」，瞭解哺乳的相關知識唷！

自然產大概生產後1～2天就會開始分泌初乳。寶寶吸吮乳頭時，會刺激媽媽開始分泌母乳，如果情況允許，可以在產後馬上讓寶寶常常吸吮，乳房比較不會有瘀血問題。

很多媽媽生完小孩之後就以為事情都結束了，沒想到產後 2 ～ 3 天才發現有件事超折磨人，沒錯！就是乳腺炎。

自然產的媽媽生產後，一開始的母乳量會比較少，但是過了 2 ～ 3 天，胸部就會開始漲奶，母乳量也會急遽增加。這時如果寶寶不太會吸奶、哺乳狀況不順利，就有可能讓血液和淋巴液流向乳房，並因此形成瘀血的情形。結果乳房就會開始發熱、變硬，然後出現一碰就痛的症狀，嚴重的話還可能會像感冒一樣全身發燒，這種令人難受的狀況就被叫做「乳腺炎」。

當然寶寶能好好吸出奶水當然是最好的，但因為寶寶是第一次吸奶，有可能會吸不太出來，所以很多媽媽在生產初期都經歷過乳腺炎。

乳腺炎發作時，最好的方法是用按摩把乳房硬梆梆的瘀血推開，然後盡量把乳汁全都擠出來。產婦很難幫自己按摩乳房，可以由老公或專門的按摩師幫忙；而努力哺完乳之後，必須用手或擠乳器把剩下的乳汁擠出來。發燒或疼痛狀況嚴重的話，可以把冷藏過的冰高麗菜葉拿來放在乳房上，或是塗些卷心舒緩霜 CaboCreme。不過冰敷可能會讓母乳量變少，如果擔心之後無法餵母乳，可以跟有助於母乳分泌的熱敷法交替使用。

❶ 一有機會就常常哺乳
❷ 手指併攏，在疼痛部位畫圓，按摩乳房
❸ 冰敷＋熱敷交替
❹ 還是不行，就請專門的按摩師協助

Q6 整天抱著、背著孩子，我手腕和腰都受不了了

我幾乎一整天都要抱著、背著孩子，結果從手腕到肩膀、腰、膝蓋、甚至骨盆，沒有一個地方不痛的。長輩們都說要是繼續再這樣抱下去，之後就會把身體搞壞，都叫我放下不要再抱，可是寶寶一放下就會開始哭，這哪是我想放就能放的呢？

產後每個媽媽會出現疼痛的部位各有不同，疼痛的原因也都不一樣；有可能是因為生產時打開的關節沒有回到正確位置，或是因為瘀血而造成疼痛。再加上產後的肌肉量比懷孕期少，哺乳的姿勢一旦不正確，當然腰部就會非常痛。而且媽媽為了要幫寶寶餵奶，身體自然而然地會斜向寶寶那邊，時間一久疼痛就會變得比原來更嚴重。這種時候就需要哺乳枕的幫忙，讓媽媽在一邊哺乳的時候，可以盡量把整個腰部伸展開來。

手腕關節、指關節，都是產後容易出現水腫或疼痛的地方。由於腕關節變得比較脆弱，在轉毛巾或抹布、手腕左右出力扭轉時，這樣的動作就容易造成腕關節的負擔。此外，洗碗時不能因為嫌麻煩就不戴手套，直接接觸到冷水對指關節非常不好。

最後，不管是哪一個部位疼痛、或是哪一種原因造成的，減輕疼痛最好的方法，就是在痛的地方做些熱敷、適度運動，還有多休息。

前輩媽媽妙招

我之前會準備一盆超過手腕高的熱水泡手來熱敷，但是都沒有好轉，就買了蠟療機來用。用了效果真的很好。

前輩媽媽妙招

我關節痛得非常厲害，好長一段時間都要跑復健科治療。打針、吃藥之後，比較沒有痛得那麼嚴重，但我還是痛了快一年才好起來。

前輩媽媽妙招

手腕和腰會痛時，建議可以用搖籃椅、嬰兒健力架或吊掛玩具之類的東西，盡量減少抱孩子的時間。媽媽記得一定要先讓身體保持舒服狀態。

- 做簡單的全身運動增加肌耐力
- 哺乳時善用哺乳枕幫助腰部放鬆
- 常常轉動手腕和肩膀

Q7 產後腰痛，用徒手治療的效果好嗎？

徒手治療找厲害、有經驗的人會比較好，可以的話，盡量找附近、大家推薦的地方。

懷孕時為了預備生產，臀部關節會鬆弛，生產時骨盆也會撐開，這時支撐骨盤的主要韌帶也會跟著被拉長。大部分的人恢復後不會有什麼大礙，能自然活動，但如果疼痛情形一直持續，就要接受治療。

產後經歷的腰痛、脖子痛、膝蓋痛、肩膀痛等肌肉骨骼系統的疼痛，往往是身體狀況失衡造成的，所以會先解決失衡問題才能有效治療這類型的疼痛。而所謂徒手治療，是指專業物理治療師用手或身體部位，放鬆並矯正病患的脊椎、關節、肌肉、韌帶等地方，以達到減緩疼痛的效果，是一種相對安全的非侵入性治療。

徒手治療採用的是一對一個人化療程，會直接治療疼痛部位、比較能立即見效，徒手治療過的媽媽都給予滿好的評價。前輩媽媽們也建議，雖然這個療法比按摩有效，但只做一次會感受不到療效，最好能持續治療一段時間。有保懷孕、生產保險的話，可以注意一下物理治療能不能申請實支實付的理賠。

另外也有其他媽媽覺得，如果想解決產後腰痛，按摩會比徒手治療更好。因為產後按摩不但可以減緩腰痛，還能放鬆因為餵奶而變僵硬的肩膀肌肉等，同時放鬆其他部位。不僅如此，按摩還可以幫助惡露或老廢物質更快排出體外，所以也有很多媽媽從月子中心出院回家之後，會繼續請按摩師到家裡來幫忙按摩。

❶ 事先瞭解徒手治療適不適合自己
❷ 找專業的徒手治療醫院或徒手治療師
❸ 持續接受治療

Q8 手腕又痠又痛，我得了產後風嗎？

在完全恢復到產前的身體狀態之前，身體可能會發冷，或覺得骨子裡有陣寒氣，這種狀況就稱為「產後風」，又叫月子病。如果有產後風，最該先做的就是要注意身體的保暖。坐月子時好好調理的話，這種感覺就會消失，身體也會恢復到正常狀態。

坐月子期間的基本原則就是要避免「吹到冷風」和「冰冷飲食」。話雖如此，倒也不需要總是把自己弄得全身汗流浹背，其實只要保持房間內的溫暖就可以了。對產婦和新生兒來說，房間溫度約莫在 24 度上下、濕度在 40 ～ 60%，這是最好、也最舒適的環境。

夏天生產的媽咪，可能會因為天氣太熱，熱到會想直接吹電扇、冷氣，雖然當下很涼快，不過之後可能會覺得骨子發冷、或出現產後風的症狀，最好要小心注意。為了不要讓身體直接吹到風，媽咪們夏天也最好穿著襪子、以及能蓋住手腕和腳踝的長袖內衣。尤其台灣的夏季非常濕熱，手術過的部位比較難癒合，也容易發炎，因此媽媽要注意不要讓自己太熱，並保持整個環境的通風，流汗了就馬上擦掉，讓自己維持在乾爽的狀態。

衣服不太會蓋到手腕和腳踝，比較容易發冷，這時用保暖的袖套或腳套也滿有幫助的。

夏天時可以用空氣循環機讓空氣變涼爽一點，這樣不用直接吹到冷風，也會涼快一點。

產後風可以說是一種關節炎。產褥期如果太過度使用手腕、腳踝、膝蓋、或手指等關節，就容易受到產後風的折磨。所以坐月子期間，需要有人幫忙照顧寶寶或幫忙做家事。

- 房間溫度維持 24 度，濕度維持 40 ～ 60%
- 手腕、腳踝等關節要隔層布，不要直接吹到風

Q9 剖腹產的坐月子方式不同嗎？

我做完剖腹產後，請按摩師來家裡幫我做熱石療法（Stone Therapy），效果非常好。只是如果腹部按摩強度太強，手術還沒癒合的部位可能會裂開，或造成子宮收縮導致出血，一定要小心。

前輩媽媽
妙招

我是剖腹產，但還是很想餵母奶，就申請了母嬰同室，可是寶寶吸不出奶水，不只寶寶可憐，我的身體也因此太過疲憊，後來就還是交給育嬰室，等到要餵奶時再過去。雖然一開始很辛苦，可是這樣走來走去，身體反而恢復得更快。

就算是剖腹產，當天也可以開始試著餵奶，只是要下床行走還需要 1 ～ 2 天的時間，如果主動想要試著哺乳的話，可以選擇母嬰同室，把寶寶放在旁邊餵母奶。不過，絕對要以產婦的休息為優先考量。

剖腹產的坐月子方式，基本上跟自然產坐月子沒什麼太大的區別，像是留意不要受寒、不要做很費力的事等等，基本的調理原則都是一樣的。不過因為剖腹產的媽媽動過刀，所以在飲食、疼痛復原、和傷口管理等方面，都要比自然產的人更小心注意才行。

剖腹產平均會住院一個禮拜左右，通常會在出院前一天或出院當天拆線。生產手術當天大多會要求禁食，之後如果沒有什麼大問題，手術後 8 小時就可以開始喝點米湯之類的流質食物，接下來就慢慢可以吃粥、吃飯。手術後 12 小時或隔天的早上就會拿掉尿管，接著會確認產婦能不能夠自行排尿、排氣。

至於母乳分泌的時間點，每個媽媽的情況都不太一樣，有些人在產後的 2 ～ 3 天開始分泌，也有人是過了一個禮拜之後才有母乳。

剖腹產因為有術後的傷口，剛開始移動起來會比自然產的人更不方便。雖然可能會不太舒服，不過如果手術後隔天早上，能在陪同者的協助下開始走動走動，比較能消除水腫、可以幫助快速恢復，也可以預防手術的後遺症。要是覺得非常痛，不要只是忍下來，而是要請醫生開止痛藥，等到症狀好轉再繼續運動。讓身體動得越多，恢復的速度自然也就會越快。

❶ 術後第 1 天：很痛也要起身動一動，用深呼吸加清喉嚨有助於排出肺部內的麻醉氣體，如果是脊髓麻醉，可以低頭預防頭痛

❷ 術後第 2 天：如果已經開始進食，進食後一定要運動幫助排氣

❸ 術後第 3 天：可以哺乳刺激，或按摩乳房來預防乳房瘀血

Q10 剖腹產的傷口該怎麼照顧？

剖腹產最大的缺點，就是手術後會留下疤痕。剖腹時大概會切開 10 ～ 13 公分的傷口，有一段時間感覺會變得比較遲鈍，覺得那好像不是自己身上的肉，皮膚也會痲痲、痛痛，覺得怪怪的。這種感覺大概在幾個月內就會消失，但傷口卻不會跟著一起消失；如果沒有好好照顧傷口，可能會形成永久的疤痕，要是媽咪剛好有蟹足腫體質，整個疤痕就會更嚴重地凸出來。

剖腹後會出現傷口，剛開始的前 2 週到第 3 個月會變得更嚴重，傷口位置會變成紅色，而且會明顯凸起。之後到了第 6 ～ 9 個月時，傷口顏色就會逐漸變淡、大幅好轉。不過，照護傷口最重要的時間點，就是手術結束之後。

每家醫院給的傷口照護方法都不太一樣，有的會要你貼美容膠帶並且盡可能貼久一點，也有的醫院會建議使用疤痕護理矽膠片。還有些醫院會開藥膏，像是蓋絡卡緹凝膠 Kelo-cote、倍舒痕凝膠 Dermatix Ultra 或康霸凝膠 Contractubex 等，有些媽媽會偏好藥膏型的處理方法，因為比美容膠帶或矽膠片更方便活動，而且也滿有效的。

最後提醒親愛的媽咪們，如果拆線之後傷口沒有順利癒合，或是傷口附近開始起疹子……等，出現任何異常症狀的話，就要立刻就醫。

也有那種消除疤痕的除疤針，不過最好在拆線後 1 週內盡快施打，會比較有效。如果很擔心除疤的問題，可以事先跟醫生商量。

一般來說，手術後會留疤一段時間，然後漸漸變淡。但要是過了 6 個月疤痕都還是很大，甚至大過原本手術的部位，就很有可能是「蟹足腫」。如果一直感到不適，或傷口部位發癢、腫起來，最好找皮膚科專門的醫生看診。

除疤藥膏雖然沒辦法完全去除疤痕，但如果持續使用，就能防止傷口隆起或變紅。最近形成的疤痕要持續塗藥膏 3 ～ 6 個月；如果是形成已久的疤痕，使用疤痕護理矽膠片會比藥膏更有幫助。

1. 核心重點：好好照顧 2 週左右
2. 如果傷口癒合，一天擦 2 次以上的除疤藥膏，至少持續擦 6 個月
3. 如果傷口顏色變淡，就用美白藥膏淡化色素

Q11 什麼時候可以泡溫泉、洗三溫暖呢？

媽咪們在坐月子的期間全身痠痛又疲勞，真的好想泡個溫泉或去三溫暖放鬆一下！但是又要擔心剛生完小孩的自己能不能長時間待在那麼熱的地方、泡在溫泉裡會不會造成傷口感染……等，這些問題都讓人傷透了腦筋。到底什麼時候才能去泡溫泉或洗三溫暖呢？

自然產的媽媽大概產後 2 ～ 3 天才可以洗澡，而剖腹產的媽媽在拆線、出院時，傷口就差不多都癒合了，也能簡單洗澡。要是擔心拆線之後傷口還沒完全癒合會留疤，可以貼上防水貼布再洗。

不過，如果媽媽們去泡溫泉或半身浴，極有可能會造成手術部位或會陰部有感染的危險，而且三溫暖過高的溫度也可能會讓產婦缺水、虛脫，所以建議至少要等 6 週以後再去比較好。有些媽媽覺得一個月左右就可以洗三溫暖了，但也有人因為身體還沒完全恢復，去泡了溫泉或洗三溫暖之後，就出現暈眩的症狀。每個媽咪的身體狀況不同，可以去的時間點也會不一樣，然而一樣要注意的是，第一次去的時候不要在太熱的地方待太久，最好先短時間待一下子，之後再慢慢拉長待在裡面的時間。

不管是洗澡或泡溫泉，媽咪們都要記得最重要的就是不要著涼。從溫暖的地方出來時，可以幫自己包大毛巾、或披上浴袍，以免著涼。

醫院跟我說，只要沒有再流惡露就可以去泡溫泉了；不過醫生也說等生產過 6 週之後再去泡比較好。

前輩媽媽
妙招

因為我剖腹產的地方還是會痛，我是等疼痛完全消失、產後第 6 個月才去泡溫泉。

泡溫泉要小心，不過如果是要坐浴，在切會陰手術之後馬上坐浴也沒有關係。因為坐浴可以減緩產後的痔瘡痛、會陰痛，還可以幫助排出惡露，建議一天可以洗 2 ～ 3 次。

❶ 自然產在產後 2 ～ 3 天，剖腹產則在出院後就可以洗澡
❷ 泡溫泉、洗三溫暖，至少等產後 6 週再去

Q12 我得了產後憂鬱症嗎？明明沒事也覺得好想哭

生完小孩之後，身體沒有一個地方不痛的，沒辦法好好出力，又加上小孩隨時隨地都在哭，哭了就要幫他餵奶，睡眠時間根本不夠。這樣折騰下來，有時候眼淚就會沒來由地一滴滴掉下來，心裡覺得很難過。親愛的媽咪，會有這種感覺的不是只有你一個人。85% 的產婦都出現過「產後憂鬱情緒」，差不多會在產後的第 2 ～ 3 天開始出現，產後 3 ～ 5 天會最嚴重，然後 2 週內就會好轉。不過，如果這段低潮的期間持續太久，甚至出現更嚴重的憂鬱情緒，就要小心是不是「產後憂鬱症」。

有很多媽媽在小孩出來之後都經歷過產後憂鬱症，比例大約有 10 ～ 20% 左右，主要出現的症狀有憂鬱、煩躁、想哭、不安，以及情緒起伏等等。如果媽咪們發現自己一直覺得很累、無精打采、對任何事情都不感興趣、每件事都容易覺得煩、常因為小事而覺得難過想哭，或是沒來由地感到不安、焦躁……，察覺心情上有這些症狀時，就要小心可能是產後憂鬱症悄悄找上門。

出現產後憂鬱症的時候，一定要對家人充分表達自己的感受，透過跟人聊一聊或休息來解除壓力。另一半也需要一起參與育兒的工作，或是把孩子交給其他人照顧，然後跟老公一起去散散心，這也是不錯的方法。如果症狀變嚴重，就一定要找醫生尋求專業的協助！放著不管，不只媽媽辛苦，也可能威脅寶寶健康。

以前我常常會怪自己：「為什麼我會這麼憂鬱？」「寶寶很可愛，為什麼我卻覺得這麼累？」「是因為沒睡好才這麼煩嗎？」後來才發現原來這就是產後憂鬱症的症狀，要是之前有先瞭解應該會好很多。

向各地衛生局、或社區衛生中心詢問時，他們都會幫忙轉接到諮商單位。也可以選擇電話訪談，如果覺得很累、很難過，請多利用這些諮商機構。

1. 把自己的感受清楚對另一個人表達出來
2. 找到自己的休閒活動、做自己喜歡的事
3. 把孩子交給別人，出門走走或充分休息

Q13 生化湯到底要怎麼喝？

家裡長輩說一定要喝，我是去看中醫，請他按照我的體質幫我調整藥方。

有些人不敢違逆長輩的好意，長輩建議什麼就都照做。可是其實每個人體質都不同，還是要先詢問醫生，清楚瞭解藥效、調理的原理，然後看自己的身體狀況做調整，也要與建議的人充分溝通。

很多長輩都會建議媽咪們，生完之後一定要喝生化湯，而且現在市面上還能買到調配、包裝好的，不用再像以前熬藥熬個老半天，非常方便。不過問題來了，到底生化湯要怎麼喝才對呢？

生化湯使用了當歸、川芎、桃仁、黑薑、炙草等中藥材，主要的功效是「生新血、化瘀血」，還可以幫助媽咪們產後的子宮收縮，讓子宮回到骨盆腔。而坊間賣的生化湯配方各不相同，另外也需要看每個產婦的身體情形做調整。一般來說，自然產的產婦可以從產後第 2 ～ 3 天開始喝生化湯，如果沒有其他問題，子宮收縮的情形也不錯，每天服用 1 帖的生化湯，大概喝 5 ～ 7 日就可以了，要注意不能喝超過 10 天，否則反而有可能會造成惡露不斷，甚至大出血等反效果。

至於剖腹產的媽媽，大約會在醫院待一個禮拜左右，在這段住院期間中，婦產科醫師通常都會適時給予子宮收縮的藥物，因此媽咪們不太需要再特地自行補充。但是萬一出院回家之後還是有惡露，表示子宮收縮的情形可能不是那麼理想，這時才會建議喝生化湯。

要是媽媽發現自己有不正常出血、傷口感染、腹痛、腹瀉或發燒，就不可以服用一般制式的生化湯。由於每個媽媽都會有體質上的差異，如果想服用中藥，或是透過藥膳、食補來幫助產後身體恢復，還是會建議向專業合格的中醫師諮詢，以免越補越糟，反而得不償失。

❶ 自然產媽咪生完第 2 ～ 3 天開始喝，喝 5 ～ 7 日，不能超過 10 天
❷ 剖腹產媽咪不用另外喝生化湯幫助子宮收縮，如果回家還有惡露再喝
❸ 不要自己亂喝，有疑問一定要向醫師確認

Q14 餵母乳階段吃了辣的，寶寶會大出紅便便嗎？

媽媽在餵母乳的時候，其實飲食跟平常一樣就好，不需要吃特別多，也不需要去吃什麼特別的東西，吃點辣的或鹹的也沒關係。等生完 2 個月之後，偶爾一天喝杯咖啡或啤酒也不會有太大的問題。不管吃什麼，只要比平常吃的量再多 500 大卡就可以了。

雖然不常見，但有些寶寶喝了母乳之後，就會對媽媽吃的東西產生反應；媽媽喝咖啡的時候，寶寶就會不睡覺、變得很黏人，或是當媽媽吃辣的時候，寶寶就會拉肚子、肛門變得紅紅的。如果出現這樣的狀況，建議媽媽們最好減少咖啡因的量，也要小心會辣的食物。還有，絕對要小心不能讓寶寶喝到任何一點酒的成分，媽媽如果喝了點酒的話，至少要等 3 小時才可以擠奶或哺乳，要是喝多了，就必須超過 12 個小時才可以擠奶出來餵寶寶。

又辣又鹹的食物會讓媽媽產後的水腫變得更嚴重，還會減少母乳的分泌量，對寶寶的健康也不好，建議盡量不要吃太多。冰冷的食物則可能會引發各式各樣的副作用，還請媽媽們至少要等身體恢復到一定的程度，大概 6 個月之後再吃比較安全。另外，媽咪的牙齒在這段時間會比之前脆弱，碰到比較韌、比較硬的食物一定要細嚼慢嚥、吃慢一點。別覺得怎麼有那麼多規定要記，做這些可不是為了寶寶，而是為了媽咪寶貴的健康唷！

可以下載計算一餐熱量的 APP，這樣就可以依照每個人的情況去控制，盡量吃到剛剛好的卡路里。

汞含量比較高的大型魚，例如鮪魚、鮭魚、一週最好不要吃超過一次。另外也要注意，蜂蜜、砂糖之類的甜食或高熱量、高油脂的食物容易阻塞乳腺，可能導致母乳量減少。

1. 一天三餐、兩次點心一比懷孕前多吃 1/3 碗，或多吃一兩次低熱量點心
2. 菜單可以安排清淡的湯、蔬菜、豆類和魚類
3. 母乳 90% 以上都是水分，媽媽一天至少要喝 1.5 公升以上的水

Q15 產後中藥調理有幫助嗎？

吃到人蔘，母乳量就會大幅減少，如果想退奶的話，喝人蔘茶就會立刻見效。最好跟醫生確認之後再喝。

以西醫觀點來看，中藥沒辦法明確標示所有藥材是由哪些成分組成，此外還可能造成產後出血、子宮收縮不良、肝功能障礙等問題，所以不太建議。

有的月子中心會用中藥幫媽媽進補，也有長輩會幫忙煮一些調理藥膳，來慰勞媽媽生孩子的辛勞。不過媽媽們也許會擔心，到底生完孩子能不能馬上吃中藥、還有中藥會不會妨礙到自己哺乳的狀況吧？

以前的人營養狀況不太好，所以生完孩子後都會需要吃些中藥來幫忙恢復元氣；不過近年來，光是透過飲食攝取到的營養就已經很足夠，不太需要另外再吃進補的東西。而且，有些媽媽體內已經累積了許多老廢物質，如果再進補，反而會造成體重增加、產後水腫等狀況，所以應該要謹慎評估媽媽生產完之後的情形，再決定需不需要進補或是要選擇吃什麼樣的中藥進補。

生產後想用中藥調理的話，自然產的媽媽要等 3 天後才能進補，剖腹產的媽媽則要等 7 天才行。會建議剛生完時，可以吃些幫助排出老廢物質和惡露，以及有助於減緩產後水腫的中藥，在這之後則可以改吃預防產後風或是能幫助恢復體力的中藥。

還有要注意的是，紅蔘不是用來發奶的藥，再加上如果寶寶有胎熱、便秘或過敏症狀，媽媽吃了紅蔘之後藥效會轉移到母乳裡，可能會導致寶寶的症狀變得更嚴重。因此，想用中藥調理身體、恢復元氣的話，還是要跟中醫師商量後適當用藥，才是最安全的方法。

❶ 餵母奶期間盡量避開紅蔘
❷ 中藥等產後第 3 天（剖腹產等 7 天）再吃
❸ 跟醫生充分商量後再服用
❹ 一出現問題就要立刻停止服用

Q16 掉頭髮會掉到什麼時候？

產後過了 100 天左右，惡露和各種疼痛都會好轉許多，媽咪們也終於稍微能活得舒坦一點了。不過這時候頭髮卻開始大把大把地掉，真的很擔心再這樣繼續掉下去，最後會不會變禿頭啊？

產後落髮的症狀大概會在生產後 2 ～ 5 個月時出現，一般來說會持續 2 ～ 6 個月左右，之後就會恢復正常，會造成掉髮主要是因為媽咪們從懷孕到產後體內荷爾蒙發生了變化。懷孕期間雌激素會增加，到了生產時才會降下來。而懷孕時增加的雌激素會促使毛囊生長，所以不太會掉頭髮，但是到了生產後，雌激素就會減少，使得髮根脆弱，所以本來應該在懷孕期間掉的頭髮，就會在這個時候出現一次性落髮。除此之外，壓力或生產後營養不均衡等因素也可能造成掉髮，媽咪們千萬記得要均衡飲食，並保持心情愉快。

有這種困擾時，可以用一些方法減緩掉髮症狀，像是每天按摩頭皮、搭配均衡飲食，多吃一些有助於減緩掉髮的黑豆、黑芝麻、海藻類等食物。雖然媽媽們可能會因為要照顧寶寶而比較難做到睡眠充足，但還是要盡量讓自己能時常睡個好覺，這樣會滿有幫助的。此外，也可以試試成分天然的防掉髮洗髮精，試過的媽媽都覺得很有效。

我會到大創或寶雅等地方買按摩頭皮的東西來用。我在家會用梳齒粗短的梳子輕輕敲頭，一天敲兩三次，滿有用的。

一般掉髮現象會持續到生產後 5 ～ 6 個月，之後狀況會越來越好。為了頭皮健康，建議使用不刺激的天然洗髮精，並輕輕按摩、促進頭皮的血液循環，最好先不要燙髮或染髮。

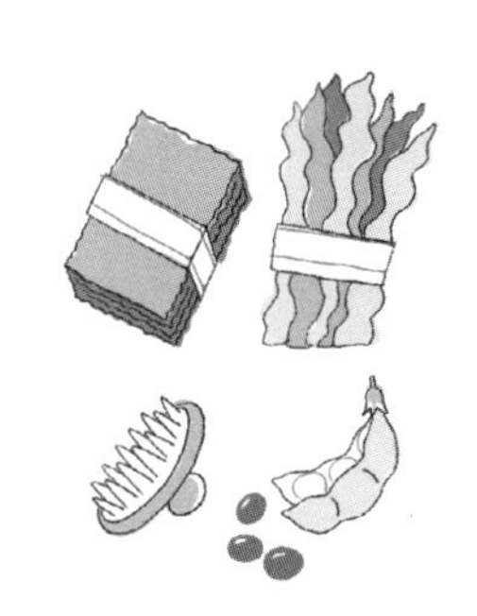

❶ 按摩頭皮並搭配均衡飲食
❷ 使用成分天然的防掉髮洗髮精

Q17 生完應該不能常常看手機吧？

相信各位媽咪都聽過，生完小孩如果過度使用眼睛，就要小心視力可能會變差之類的說法吧？的確，有時媽咪們在生產後會有視力變差的感覺，覺得看東西變得模糊、或是看不太清楚。

產後身體會水腫、加上媽媽體內的荷爾蒙變化，連帶眼角膜也會腫起來，讓眼睛的調節力變差，導致暫時性的視力衰退。一般等體力恢復、水腫消失之後，視力也會跟著恢復；不過，要是過了 5 ～ 6 個月視力都沒有恢復，就需要到醫院接受檢查。

為了保護視力，生完小孩之後建議盡量少看書、手機、電視等，減少長時間用眼的機會。產後若過度使用眼睛，就會造成眼睛過於疲勞，使得眼睛更加脆弱。這種狀態一直持續循環的話，不僅會造成暫時性的視力衰退，更有可能會讓視力衰退變成永久性的傷害，所以建議至少在坐月子期間，遠離一下書本、電視、手機等等，讓眼睛多休息。此外在生產、懷孕時期，指關節、腕關節本來就很脆弱了，如果還長時間拿著手機也會對關節造成負擔。平常最好時常閉一下眼睛，或是輕輕按摩雙眉之間，讓眼睛可以放鬆、休息。多吃 Omega 3 或青背魚也會很有幫助。

* 青背魚：背部呈現青綠色的魚類，像是鯖魚、沙丁魚、竹筴魚、秋刀魚……等。

❶ 盡量遠離書本、手機、電視等小字或螢幕
❷ 暫時閉眼休息
❸ 多吃 Omega 3 或青背魚

我在月子中心很無聊時，不太會看電視，反而會用手機的廣播 APP 聽聽音樂。

前輩媽媽妙招

我坐月子的時候想查很多資訊，就一直拿著手機不離手，結果對指關節負擔太大，很長一段時間都非常難受。所以，盡可能在生產前就先做好功課，等到坐月子的期間，就要盡量讓自己的身體休息。

分娩時因為出力的關係，有時候會血壓上升、出現結膜下出血的情形。時間一久就會自然恢復，不需要太過擔心，等它復原即可。

Q18 產後何時開始會有月經？

產後生理期再次來臨的時間，跟媽媽有沒有餵母乳有相當大的關係。沒有餵母乳的話，有可能生產完之後的下個月就會有月經，也有人是過了幾個月後才有；餵母乳的媽媽則有可能到第 10 ～ 18 個月都沒有生理期。一般來說，媽媽在寶寶斷奶後 2 ～ 3 個月內就會開始有月經。要是覺得太久都沒有生理期，擔心自己的身體可能有其他異常，最好可以去醫院檢查看看。

生產之後的第一次生理期量非常多，媽咪們可能會嚇一跳，通常剛開始的經血量比較多，需要等一段時間才會慢慢恢復正常的月經週期和流量。不過要注意的是，如果一次的量真的來太多、像水龍頭一樣，或是連續有好幾個月都一個月來兩次以上，就要到醫院讓醫生看一下。

另外，建議產後的媽咪們最好過 2 個月再跟老公有親密關係。等到媽咪惡露排乾淨、疼痛症狀消失，身體沒那麼不舒服之後再發生關係是最好的。即使產後過了 3 個月，還是會有 20% 的女性提不起性致；不過為了夫妻間的情感交流，彼此需要充分溝通。產後如果還有疼痛不適、或身體非常疲憊，就要好好跟另一半說明、讓他能夠理解。別只是一味忍耐，反而造成夫妻間的誤會和摩擦。

假如已經準備要跟老公發生關係，但又不想懷下一胎，請記得一定要做好避孕措施。很多人放心地以為剛生完小孩就不會懷孕，結果一不小心又中獎了。兩次懷孕間隔的時間如果不夠久，可能會造成媽媽身體無法負荷。但由於這段期間的經期並不固定，很難推算受孕週期，可以透過測量基礎體溫，或用排卵測試器來推算排卵期間。

所謂的基礎體溫測量，就是透過記錄基礎體溫來確認排卵期。生理期開始到排卵日，體溫都會維持在比較低的溫度，排卵日當天是體溫最低的時候，之後體溫就會慢慢升高。我之前都會用備孕 APP 來記錄體溫。

口服避孕藥會讓母乳量減少，正在哺乳的媽媽要避免服用。生產後如果沒有哺乳，大約產後 6 週之內就要開始避孕了。

Q19 什麼時候可以開始運動或減肥？

當天要吃的食物和零食，我會拿剛好的量裝進密封容器。像是蘋果、紅蘿蔔或小黃瓜等等，切成方便吃的大小、用容器裝起來，隨時想吃就能拿來吃，方便又可以幫助減肥。

因為寶寶的關係，出門很不方便，所以我會看一些在家訓練的影片來運動。

產後身體水腫、肉肉都瘦不下來，還要為了餵母乳吃超多營養食物，結果覺得自己生完好像變更胖……你也這麼覺得嗎？其實不用等身體完全恢復，產後 1 ～ 2 天就可以慢慢做一些簡單的伸展運動或體操了。不過，游泳或瑜伽之類的有氧運動要等 3 個月之後、需要用到肌力的運動則要等 6 個月之後才能開始，這樣比較安全。適度運動可以幫助自己恢復到懷孕前體重，也能讓生產時被撐開的腹腔、骨盆和肌肉更快收縮恢復。此外，對消除疲勞及母乳分泌也很有幫助。

從統計數據來看，產後 6 個月內就把懷孕增加的體重都減掉的媽咪，8.5 年後平均增加的體重不到 2.4 公斤；不過，沒有在 6 個月內把體重減下來的媽咪，平均則是增加 8.3 公斤。也就是說，產後 6 個月內是否恢復產前體重，跟長期的體重減量有關，所以會建議媽咪們產後 3 個月一過，就要做好體重管理。

產後減肥法

透過改善飲食、生活習慣，以及做簡單體操等方法來調節體重。

均衡飲食　按時攝取營養均衡的飲食是很重要的。多吃海鮮類、少吃肉類，閒暇時可以吃一些小黃瓜、紅蘿蔔等蔬菜棒當零食。

姿勢正確　雖然照顧孩子很累，但還是不要常穿寬鬆運動服，多穿一般日常的衣服，並養成正確的坐姿，對減肥會更有幫助。

運動加體操　產褥期體操對產後的體態恢復和體重管理相當有效，也能幫助被撐開的肚子、陰道、骨盆肌肉等回到原本的狀態。

幫助管理產後體重的產褥期體操

產褥期體操從產後 1 個月起就能開始，做的時候不用太勉強，持續一點一點地執行就行了。不過要是覺得很痛或身體太累，就要停下來。

矯正姿勢體操 1

站著雙腳張開與肩同寬，兩手插在腰上，先把腰向後轉、再往前轉。另一邊也是同樣動作。

矯正姿勢體操 2

❶ 雙手插腰，身體向上拉直，腳尖掂起來。

❷ 腳跟著地，上半身前彎再打直。

強化大腿肌力體操 3 分鐘

躺下看著天花板，雙手放在腰的位置，兩腳往上拉直，然後像踩腳踏車一樣畫圈。

抬臂體操 10 次

趴著把兩手手臂和兩腳抬高，然後像游泳打水那樣，將雙腳輪流向上踢 10 次。

強化骨盆肌肉、預防腰痛的骨盆扭轉操一左右各 5 次

❶ 躺下看著天花板，雙腳打直，雙臂在身旁打開。

❷ 一腳向上伸直舉高，然後旋轉下半身，直接把腳轉向側面。稍微停一下再回到本來的姿勢。

如果產婦正常生產、沒有併發症，大概等產後 24 ～ 48 小時就可以開始做產褥期體操；而剖腹產的產婦，建議等 1 個月之後再開始。至於有切會陰的傷口、或是曾大量出血等等問題，最好先不要做體操。

運動時要穿寬鬆舒適的衣服，在床上或墊子上等比較軟的地方開始做，過了 6 星期後，換到硬一點的地板上也沒關係。一開始每個動作先一天做 2 次，然後再慢慢增加次數。

媽媽是第一次，寶寶也是第一次！擺脫照顧新生兒大崩潰

「只有睡著的時候像天使！」忙著照顧新生兒的媽咪，對這句話最有感。明明寶寶整天都在睡，媽咪卻連一刻也不得閒；遇到每件事都滿頭問號，深怕一不小心就出什麼差錯。新生兒時期該知道的大小事，不知道就會手忙腳亂，知道就會覺得簡單，本章節貼心說給媽咪們聽。

如果讓我再照顧一次新生兒？

媽媽幸福，寶寶才會幸福

生完立刻就要面臨育兒的折磨，真的很容易憂鬱，甚至覺得自己不如就消失在這個世界上算了。媽媽們的生活重心裡只有小孩，不但要捨棄所有自己喜歡、想做的事，還要適應生完小孩後改變的自己，真的好難……但越是這樣，媽媽們越要自然地接受這些改變。不需要努力成為超完美媽咪也沒關係，第一次當媽媽不要總是提心吊膽，覺得自己沒有盡到一個媽媽的職責，給自己的心一些空間吧！身體或心裡覺得疲憊的話，不要猶豫、一定要馬上請身旁的人給予幫助；媽媽的心情要保持愉悅，寶寶才會有安全感。

先把家裡確實整理好

孩子一出生，家裡就會開始被嬰兒用品塞得滿滿的，先是多一個傢俱、再多一個玩具，到最後家裡就會堆到連站的地方都沒有。東西多就很難打掃、整理，到後來媽媽們要做家事的時候壓力也會越來越大。所以，盡可能在產前就先把家裡整理好、挪出空間，買嬰兒用品時也要慎重考慮，不要一有人推薦就全部搬回家。如果別人買就跟著買，不管再怎麼整理、丟東西，家裡還是會立刻爆滿。整理的基本原則就是收納，要先決定好東西的位置，把不太常用的東西丟掉或收起來，這樣家事也會減少很多。如果可以把用來打掃的精力都放在寶寶身上，媽咪也能舒服地休息一下。

chapter 4

用便利的家電幫助自己

懷孕生產的採買清單中，家電用品占了很大一部分的比例，使用期間很短，價格卻貴得嚇人，讓人很猶豫到底要不要買。不過，一個家電買得好，勝過十個月嫂在家跑。如果價格貴到讓你有壓力，買二手的也沒關係；若是擔心體積太大，也可以等需要時再買來用，之後再賣掉或轉讓就行了。奶瓶消毒鍋、溫奶器、嬰兒洗衣機，都是讓你輕鬆育兒的大功臣。沒時間打理家務，也可以讓洗碗機和碗盤烘乾機等來幫你的忙。要是能減少你做家事的時間和壓力，讓你能更專心帶小孩，這錢就花得不冤枉！

跟幫忙的人打好關係

產後坐月子期間，不得已一定需要有人幫忙，但真正能幫上忙又讓你滿意的還真沒幾個！尤其是已經提醒不要煮晚上的副食品，不但煮了還把食物搞得稀巴爛的月嫂、把嬰兒跟大人的衣服混在一起洗的老公、說嬰兒用品不要煮卻硬要放進滾水裡煮一煮再拿出來的自家親娘；再加上寶寶的吃、穿、睡每樣都要碎碎念的婆婆！遇到這樣的各路人馬，媽咪的壓力可想而知，但其實不管是誰，想法都不可能一模一樣。不要讓自己因為一些小事就倍感壓力、心情變差，別忘了大家都是想照顧好寶寶才會一起付出，所以就放鬆心情吧！跟來幫忙的人起衝突，第一個受害的還是你跟寶寶啊！

新生兒照護 100 天確認重點

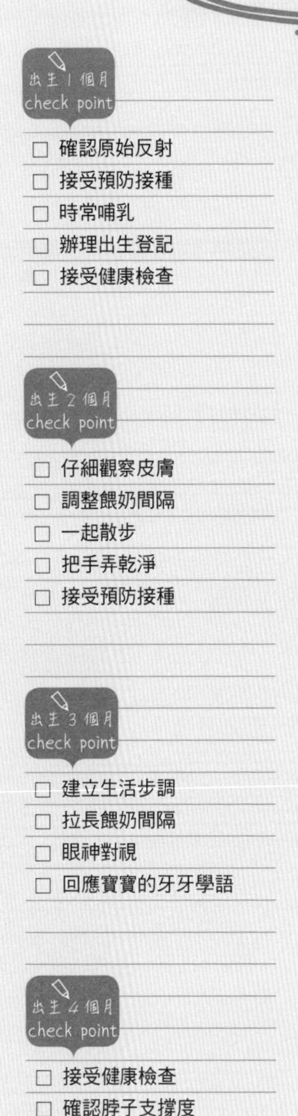

出生 1 個月 check point

- □ 確認原始反射
- □ 接受預防接種
- □ 時常哺乳
- □ 辦理出生登記
- □ 接受健康檢查

出生 2 個月 check point

- □ 仔細觀察皮膚
- □ 調整餵奶間隔
- □ 一起散步
- □ 把手弄乾淨
- □ 接受預防接種

出生 3 個月 check point

- □ 建立生活步調
- □ 拉長餵奶間隔
- □ 眼神對視
- □ 回應寶寶的牙牙學語

出生 4 個月 check point

- □ 接受健康檢查
- □ 確認脖子支撐度
- □ 讓寶寶抓玩具
- □ 嘗試讓寶寶喝果汁
- □ 接受預防接種

照顧寶寶要注意的地方真的非常多。除了哄他、幫他換尿布之外，還要按時接種疫苗、辦理出生登記。此外，寶寶每天都在發育，所以也不能忽略其中的變化。幫你整理寶寶出生後 100 天內要注意的事，千萬別漏掉囉！

〔出生 1 個月的確認重點〕

□ 確認原始反射：如果寶寶完全沒有出現原始反射，或是出生後過了 2 ～ 3 個月才出現，就要檢查是不是有腦部發育的問題

□ 接受預防接種：出生後一個月要施打 B 型肝炎疫苗

□ 時常哺乳：此時是母乳增量的時候，寶寶餓了就讓他吸

□ 辦理出生登記：從出生日起算 60 日內要去辦理，要先取好名字，並帶著醫院開的出生證明

□ 接受健康檢查：想詢問的可以先寫下來再請教醫師

新生兒的原始反射

頸張力不對稱反射
臉轉向某一邊時，同側手腳會伸直，另一邊則會彎曲。

尋乳反射
碰嘴巴時會轉頭、嘴唇往下。這動作能幫寶寶找到乳頭。

吸吮反射
把手放進寶寶嘴裡，他自動會吸吮，這樣才能順利吸奶。

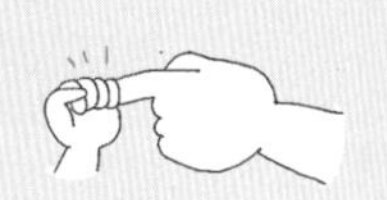

抓取反射
把手指放在寶寶手心，他會用力抓住；腳掌也有同樣動作。

莫洛反射（驚嚇反射）
突然放低寶寶身體，他雙手雙腳會立刻張開再縮回來。

踏步反射
扶著腋下、慢慢往前移動時，寶寶會做出像走路一樣的動作。

〔出生 2 個月的確認重點〕

☐ 仔細觀察皮膚：新生兒常有痱子、痘痘等問題，要調好溫濕度

☐ 調整餵奶間隔：寶寶喝奶量變多，要調整餵奶量和間隔時間

☐ 一起散步：寶寶健康檢查沒什麼問題的話，就可以一起外出

☐ 把手弄乾淨：寶寶會活動手腳或吃手，要讓他的手保持乾淨

☐ 接受預防接種：要接種五合一疫苗和肺炎鏈球菌疫苗

〔出生 3 個月的確認重點〕

☐ 建立生活步調：寶寶醒著的時間變長，要讓他知道白天、晚上

☐ 拉長餵奶間隔：將間隔拉長到 2 ～ 3 小時一次，減少夜間餵奶

☐ 眼神對視：開始會看人的眼睛，盡量常跟寶寶眼神對視

☐ 回應寶寶的牙牙學語：寶寶會開始咿咿呀呀，要積極回應他

☆ 你該知道的寶寶症狀

寶寶嘴巴裡白白的東西　如果是母乳或配方奶的沉澱物，只要用紗布巾之類的軟布就可以擦掉。萬一黏在舌頭上擦不掉，就有可能是鵝口瘡，要到醫院看看。

斜視　黑眼球位置大概在寶寶出生後 3 ～ 6 個月才會固定下來，在這之前有可能因為「假性斜視」而看起來有點鬥雞眼。過了 6 個月如果還有異常，就需要到醫院檢查。

〔出生 4 個月的確認重點〕

☐ 接受健康檢查：確認心臟、體重和發育情形

☐ 確認脖子支撐度：拉起寶寶的手或讓他坐著，確認脖子會不會往後倒；還有趴著時會不會抬頭

☐ 讓寶寶抓玩具：在寶寶手抓得到的地方放些玩具讓他抓

☐ 嘗試讓寶寶喝果汁：副食品準備階段，可用湯匙讓他嘗嘗果汁

☐ 接受預防接種：注意寶寶滿 5 個月時要接種卡介苗

前輩媽媽妙招

現在辦理出生登記時，可以在縣（市）政府一併辦理新生兒的健保卡。每個地區有不同的生產、育兒津貼等等，可以事先確認再一併申請。

Doctor's Advice

嬰兒出生一個月後，就會收到「新生兒先天性代謝異常疾病篩檢」的報告。出生後會做 11 種檢查（公費篩檢），如果有異常狀況，醫院就會通知要複檢。

Doctor's Advice

斜頸症是指嬰兒頸部肌肉異常過短，導致頸部傾斜；如果嬰兒脖子經常側向某一邊，或是都只想用同一邊喝奶，加上出生後 2 ～ 4 週左右摸到頸部有硬塊，就應該到醫院檢查。

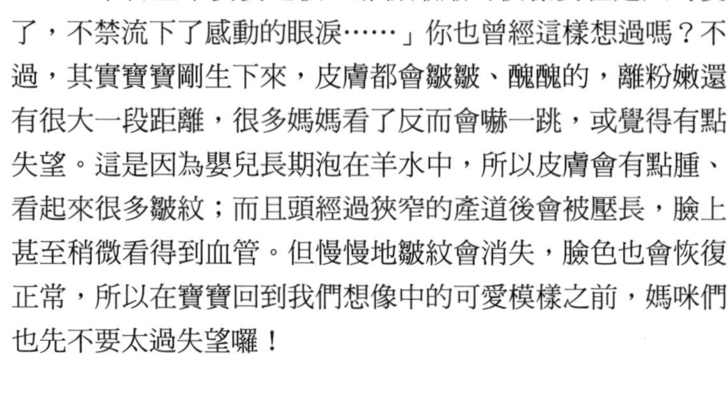

新生兒長得如何？

Doctor's Advice

嬰兒出生 28 天內都叫做新生兒。這段期間對寶寶來說很重要，此時他會開始熟悉怎麼吸奶、發展出調節體溫的能力，並學習適應這個世界。

「辛苦生下寶寶之後，那粉嫩嫩的模樣實在是太可愛了，不禁流下了感動的眼淚……」你也曾經這樣想過嗎？不過，其實寶寶剛生下來，皮膚都會皺皺、醜醜的，離粉嫩還有很大一段距離，很多媽媽看了反而會嚇一跳，或覺得有點失望。這是因為嬰兒長期泡在羊水中，所以皮膚會有點腫、看起來很多皺紋；而且頭經過狹窄的產道後會被壓長，臉上甚至稍微看得到血管。但慢慢地皺紋會消失，臉色也會恢復正常，所以在寶寶回到我們想像中的可愛模樣之前，媽咪們也先不要太過失望囉！

｛剛誕生的新生兒的模樣｝

大小　剛出生的嬰兒體重約 2.5 ～ 4 公斤，身高則大概在 45 ～ 57 公分左右。

前囟門和後囟門　嬰兒頭部沒有骨頭且軟軟的區域，叫做「囟門」；前面的是前囟門，後面的是後囟門。通常後囟門會在出生後 3 個月左右閉合，前囟門則要等到滿 1 歲時才會閉合。囟門上只蓋著一層薄薄的皮膚，因此在摸寶寶的頭時需要小心。

耳朵　嬰兒剛開始聽不到很小的聲音，但出生 1 週後就會對細小的聲音有反應，有時也會突然被嚇到。嬰兒比較喜歡細細的高音，而不是又低又粗的聲音，所以寶寶對女生的聲音會比對男生的聲音更有反應。

偶爾有女嬰會在出生第 1 週出現生殖器流血的情形，這是因為媽媽的荷爾蒙在生產時移轉到寶寶身上造成的，不需要擔心。而男嬰的睪丸沒有下降到陰囊，有的會在時間過後自然下降，也有的需要動手術。

眼睛　剛出生的嬰兒只會對光線稍稍有反應，滿 1 個月之後會慢慢對光線比較敏感，等出生後 6 週才有辦法看見 20 ～ 30 公分內的物體。

生殖器　嬰兒剛出生時，女寶寶的外陰唇或男寶寶的陰囊、睪丸看起來會腫腫的，很多父母一開始看到會嚇一跳。這是由於嬰兒出生前荷爾蒙的量變多，還有出生時累積許多液體造成的，不用太過擔心。

新生兒是怎麼發育的？

寶寶什麼時候能認得父母的臉、又是什麼時候開始能分辨出父母的聲音呢？

嬰兒最先發育的感官是味覺，在媽媽懷孕 7 ～ 8 週左右的時候就會開始生成味覺細胞，到 14 週，味覺的感應就差不多發育完成了，因此寶寶出生前在羊水裡就會慢慢熟悉食物的味道和香氣。

接下來就會開始發展聽覺，在媽媽懷孕 7 個月時嬰兒就能聽見聲音，而等到寶寶出生滿 1 週後則是連細小的聲音也能開始聽見。

嗅覺的感官則是從寶寶出生那時起開始發育，所以嬰兒能慢慢分辨出媽媽身上的味道和其他人的味道不同。另外，觸覺也是很重要的感官之一，如果可以一天 3 次幫寶寶做 15 分鐘強弱交替的按摩，就能夠幫助寶寶加強活動調節力，以及社會性的發展。

至於視覺是最晚發育的一個感官，一直要等到出生滿 2 個月左右，寶寶才能清楚看見離自己比較近的東西，並認出媽媽和爸爸。

其實嬰兒在出生幾天後，就能趴著微微抬頭；只是這時嬰兒的脖子沒什麼支撐力，要有大人在旁邊看著。另外這個時期的寶寶，手腳會常常在身體兩側動來動去。

出生 4 個月後，嬰兒就可以在趴著的狀態下把頭抬到 45 ～ 90 度，聽到很大的聲音也可能會嚇哭。這時的嬰兒會一直盯著臉前 15 公分的移動物體，一旦物體移動，寶寶的視線也會跟著移動。趴著時會用雙手撐起身體、把胸口挺起來，也會對物體伸手。

{出生 3 個月內寶寶的發育}

出生 1 個月　寶寶趴在平平的地上時，脖子能稍微撐起來、注視離自己很近的人。會盯著輪廓明顯和明暗對比大的東西，也會對細微的聲音有反應。

出生 2 個月　寶寶趴在平平的地上時，可以稍微抬頭、用微笑回應爸爸媽媽的微笑。聽到聲音則會出現哭、或被嚇到等各種反應，能看見 20 ～ 30 公分內的東西。

出生 3 個月　趴著時能將脖子抬到 45 度角，生活模式也會慢慢轉變，白天醒著玩的時間比較長，晚上也能睡比較久。會笑，也會發出「咯咯」或「哇」的聲音。

前輩媽媽告訴你幫新生兒洗澡的方法

幫剛出生的寶寶洗澡，對新手媽咪來說可以說是最痛苦的事情之一。臍帶變乾脫落之前的 1 ～ 2 週，這段期間如果有月嫂的幫忙就能鬆口氣；但要是出院後直接回家，沒有經驗豐富的人幫忙，而是必須由你自己一個人幫寶寶洗澡的話，真的會怕到不行。

嬰兒很容易流汗、分泌物也多，1 星期至少要洗 2 ～ 3 次澡。出生滿 1 個月前，除了幫寶寶洗頭之外，一般洗澡的時候都不需要用沐浴精，用清水洗完澡之後，最好只用乳液擦身體就可以了。

雖然白天洗澡比較方便，但如果寶寶晚上都不太睡覺，晚上洗澡可以幫助他好好睡，只是要注意，洗澡時間要避開餵奶前後的時段。洗澡前先用體溫計量一下，確認寶寶有沒有發燒、咳嗽或流鼻水的症狀，把室內溫度調溫暖些，水溫約在 38 ～ 40 度左右。38 度大概是把手泡進水中會覺得有點燙的程度，不過每個人對溫度的感覺都不一樣，為了不要燙到寶寶或讓寶寶著涼，建議最好使用水溫計。

{新生兒洗澡時注意事項}

做好準備　10 分鐘內就要把澡洗完，所以要先把澡盆裡的水溫調到最剛好的溫度，也先準備好洗澡用的毛巾、紗布巾、乳液、嬰兒衣、尿布、嬰兒包巾等東西。

洗澡地點　在客廳或房間等家裡最溫暖、又方便把沐浴用品一字排開的地方，會是比較好的地點。

洗澡順序　洗臉→洗頭→洗身體→擦乾→做好保濕，之後穿衣服、包尿布。

肚臍消毒　臍帶脫落前盡量不要碰到水，只洗部分的身體就好。如果臍帶被弄濕，可以用棉花棒或紗布巾輕拍把水拍乾。在肚臍完全癒合之前都要保持乾燥。

寶寶出生滿 1 個月以前，我都只用清水幫他洗澡。浴室溫差比較大，所以我是在房間裡用盆子裝水幫他洗澡，這樣洗完就能馬上幫他穿衣服。

前輩媽媽妙招

可以拿乾淨的紗布巾包住手指，用冷開水浸溼、放到寶寶口中擦一遍。

前輩媽媽妙招

臍帶還沒脫落之前，最好用大毛巾蓋著肚臍的地方，用擦澡的方式幫寶寶洗澡。可以先用濕的紗布巾擦臉、頭和上半身，再拿掉大毛巾擦下半身。

前輩媽媽妙招

有的長輩會說洗澡時最好讓寶寶吸奶嘴，不過這樣吸奶嘴可能會發炎，我覺得放著就好。

{幫新生兒洗澡的方法}

準備：浴盆 2 個、洗澡毛巾 2 條、紗布巾 3 條、嬰兒用沐浴精（兼洗髮精）、乳液、尿布、要替換的衣物

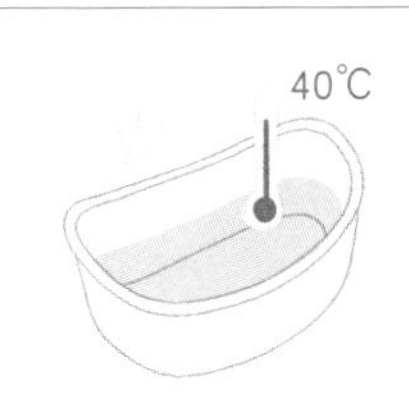

❶ 準備兩盆水。擦完臉、洗完頭之後才會開始幫寶寶洗澡，所以可以先把清洗用的水溫調整到約 40 度。沖水用的水溫則要再高 2 度。

❷ 一手抱寶寶，拿溼的紗布巾從眼頭擦到眼尾，再依序擦拭鼻子、額頭、臉頰和下巴。接著用乾紗布巾輕拍擦掉水分。

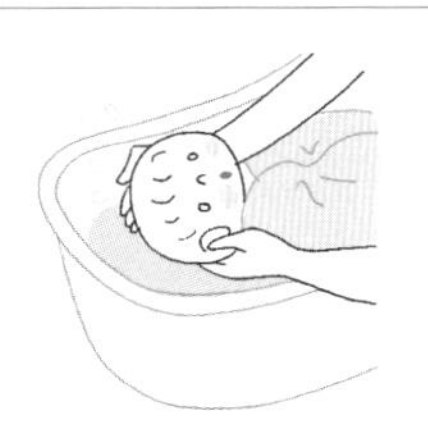

❸ 一手抱寶寶，另一手將寶寶的頭弄濕。沐浴精加一點水搓揉起泡，像按摩一樣幫寶寶洗頭，沖水後用紗布巾把水分擦乾。

❹ 脫掉尿布，一手托住寶寶腋下，另一手扶屁股，慢慢從腳和屁股開始下水。這時用毛巾或衣服披在寶寶身上，他比較不會嚇到。

❺ 慢慢拿掉毛巾或衣服，按順序擦拭脖子、胸部、肚子、腋下、手臂、手指、腿和腳掌。

❻ 一手撐住寶寶的上半身，讓寶寶身體轉面，開始擦拭屁股、肛門、生殖器。

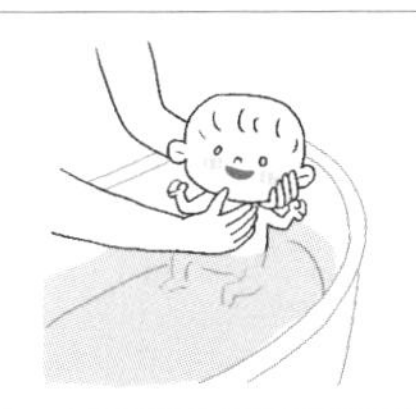

❼ 把寶寶放入沖水用的水中，按順序沖洗完，拖住寶寶的屁股輕輕抱起來。

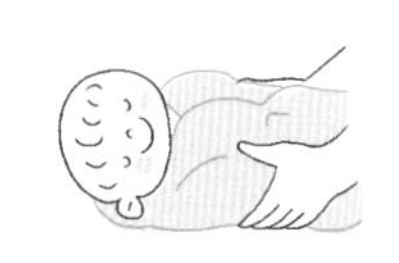

❽ 接著立刻包上柔軟的毛巾，吸收並擦掉水分。擦完乳液後，穿上衣服、包上尿布。

❶ 如果很難用浴盆幫寶寶洗澡的話，也可以用乾淨的毛巾沾水，簡單清洗
❷ 先調整好浴盆的水溫，並準備好會使用到的東西
❸ 按照順序慢慢幫寶寶洗澡，整體時間不會超過 10 分鐘

前輩媽媽告訴你嬰兒包巾的包法

我沒有用嬰兒包巾，而是把寶寶的兩手塞進他貼身衣物的褲子裡，這樣也能讓寶寶產生安全感。

我覺得包包巾的時間好像跟寶寶的喜好有關。我家老大一直包到滿 3 個月都還在包，但是老二覺得太悶了，結果只包了 1 個月，後來只幫他戴嬰兒手套，怕他抓破自己的臉。

寶寶待在媽媽子宮裡的時候，因為被暖呼呼的羊水環抱，所以會有溫暖的安全感。不過出生來到這世界之後，被環抱的感覺消失，寶寶也會變得不安。為了讓寶寶擁有像在媽咪肚子裡的安全感，會用包巾將寶寶牢牢地包起來。此外，嬰兒的神經尚未發育成熟，所以在睡覺時也常常看到寶寶會因為莫洛反射而出現被嚇到的動作，用包巾包起來的話，就能減少他受到驚嚇。而且對體溫調節力還沒成熟的新生兒，也是一個維持體溫的好方法。

要是寶寶覺得悶就得常常把包巾解開，可能會很麻煩，不過為了能讓寶寶有安全感，建議包巾至少要包 100 天。嬰兒包巾是一塊有彈性的方形布，隨著季節變換，也可以在夏天的時候取代布尿布。

{包巾的包法 1}

❶ 折起包巾的一角，把寶寶放在上面。	❷ 左邊角折進來，抽出一邊的手放外面。	❸ 往上折起包巾下面的部分。

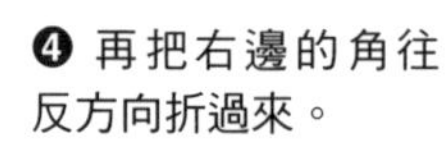

❹ 再把右邊的角往反方向折過來。	❺ 把包巾繞一圈，牢牢包住寶寶。	❻ 最後將尾端塞進下面折起來的地方。

{包巾的包法 2}

❶ 攤平包巾的四角，讓寶寶躺在上面，把一邊包巾繞過肚子塞到後面。

❷ 另一邊也牢牢包過來之後，讓包巾下方交疊。

❸ 往上折起包巾下方的部分。

❹ 一邊往後折。

❺ 另外一邊也牢牢包好。

❻ 最後剩下的部分緊緊塞進包巾。

我覺得一直拆開很麻煩，就用夾子把包巾的尾端稍微夾起來。也可以把兩邊的尾巴綁在一起。

一般出生後 1 ～ 2 個月的嬰兒都會出現因突然驚嚇而有反射動作的莫洛反射。滿 3 個月之後，這個反應就會慢慢消失。要是寶寶沒有出現莫洛反射，可能是有異常狀況，需要仔細觀察。

就算包得再怎麼牢，只要寶寶動一動，包巾還是免不了會立刻鬆開。而且隨時都要檢查尿布，就需要一直拆開又包起來、真的很煩人，所以滿多人會買有魔鬼氈或拉鍊的多功能包巾來用。不過多功能包巾使用期間短，建議考量各種優缺點後再買。（參考 P.71）

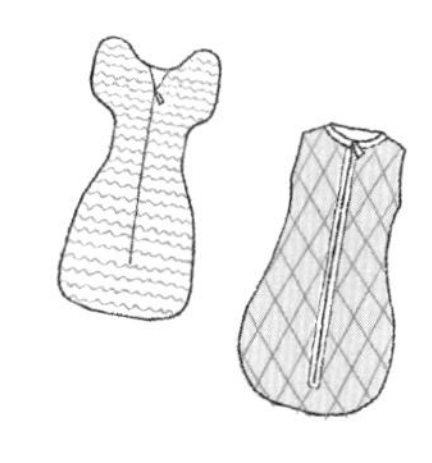

❶ 用彈性包巾牢牢包好

❷ 包巾尾端可以用夾子固定，也可以把兩邊的尾端綁起來

前輩媽媽告訴你按摩嬰兒的方法

可以先擦上嬰兒油，然後邊哼歌、邊按摩，寶寶會很舒服。

早上幫寶寶順時針按摩肚子之後，我會輕抓他的兩腳往肚子上面抬，寶寶就會排氣。要在餵奶之前按才不會吐奶。

「ILU 按摩法」，是在寶寶的肚子上畫出 I、L、U 的字型。配合寶寶的腸胃設計，對促進消化、解決肚子痛滿有效的。「I」是用手掌從寶寶的左胸輕輕壓到肚子下面；「L」是倒過來、像 7 一樣；「U」則是從右邊肚子下面開始，繞一個半圓畫到左下方。

對於還沒辦法翻身或坐好的寶寶來說，能跟他一起玩的東西實在不多，這時能跟他一起進行的最棒遊戲就是按摩了。按摩不但可以增進跟孩子間的肌膚接觸、增加安全感，還能幫助寶寶的成長發育。按摩肚子可以幫助消化、按摩手腳能讓寶寶好睡，尤其是刺激肌膚時也會刺激到腦細胞，所以有助於腦部發育。

按摩的地點請選在安靜、舒適的地方，周遭溫度大約要調整在 23 ～ 26 度左右，而且要在寶寶狀況好的時候進行。最好不要在餵奶後幫寶寶按摩，選擇洗澡完、或是已經懶洋洋想睡的時候按會比較好。出生後一個月內的寶寶，輕輕揉按 3 分鐘內即可，滿 2 個月之後可以慢慢加長時間，按壓 5 ～ 10 分鐘左右。

｛肚子按摩｝

兩手手掌打開，從寶寶肚臍上方開始輕輕往上推，再從肚子上方往下滑。重覆 5 ～ 6 次。

右手放在寶寶肚臍上，朝順時針輕輕旋轉、撫摸。重覆 5 ～ 6 次。

｛手臂按摩｝

握住寶寶手臂輕輕搓揉，由內往外慢慢滑推。

｛腿部按摩｝

一手握寶寶腳踝，另一手握寶寶大腿，用手掌順著往下滑推。

前輩媽媽告訴你換尿布的方法

新生兒時期，寶寶隨時都會大小便，需要常常換尿布。但是對新手媽咪而言，換尿布也不是件容易的事。這裡介紹一個不會讓寶寶不舒服的尿布換法，學起來之後自己能換得更順手，也可以教老公怎麼換。

如果是包布尿布的寶寶，男生比較常會尿在前面，包的時候前面可以折兩層；女生的尿比較會在後面，後面可以折兩層，這樣比較能吸尿。

{尿布的換法}

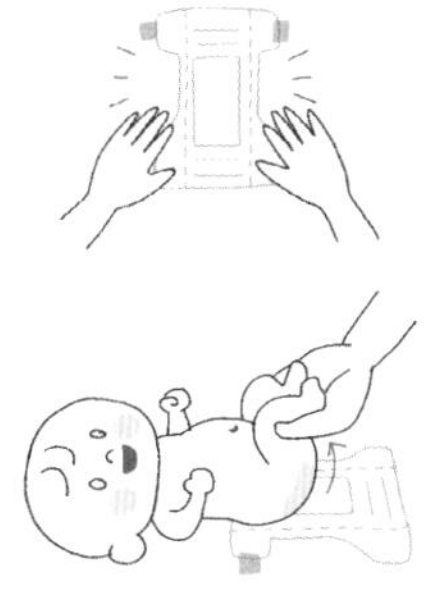

❶ 把舊尿布的膠帶撕開、尿布攤平。男寶寶有時會在尿布撕開的瞬間噴出尿尿，下面最好墊著防水型的墊子。

❷ 一手抓住寶寶的兩腳腳踝，把屁股抬起來。另一手拿紗布巾或濕紙巾把屁股擦乾淨，然後抽出髒尿布，把新尿布墊在屁股下方。

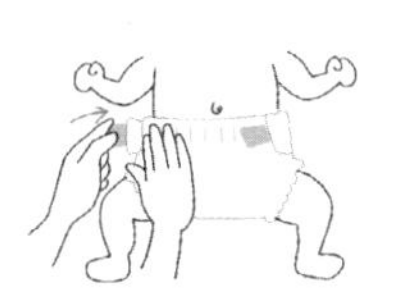

❸ 新尿布往上包到肚子前，注意不要蓋到肚臍。如果尿布太大，就把鬆緊帶的部分往下折。男寶寶的陰囊下方可能會濕濕的，可以將陰囊往上推再把尿布包起來。

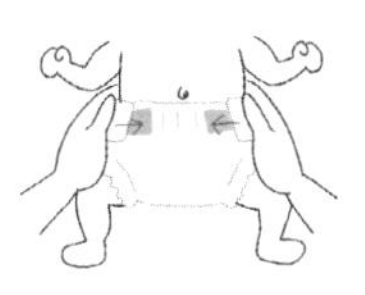

❹ 膠帶左右對稱黏好。

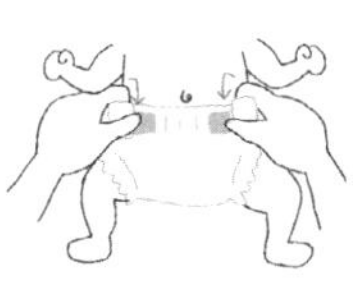

❺ 確認鬆緊帶有留一點縫，大概是可以放入大人兩根手指頭的空間。

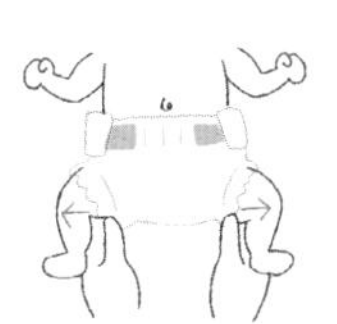

❻ 大腿側的尿布皺摺側邊往內捲進去的話，可能會漏尿，要把皺摺翻出來弄平。

換尿布時要擦的部位

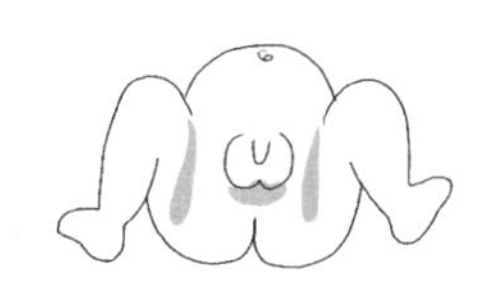

男寶寶
陰囊皺褶縫隙間，一直到生殖器後面都要擦乾淨。

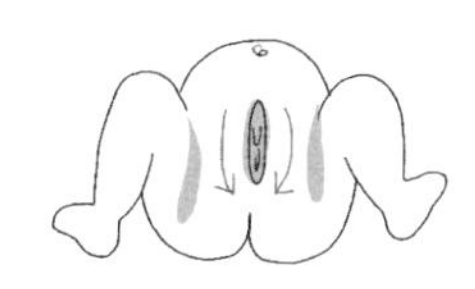

女寶寶
一定要從前面往後擦，生殖器之間也要擦乾淨。

我覺得濕紙巾用起來有疑慮，所以每次在家換尿布的時候，我都會直接在洗手台用水洗。應該是因為這樣，寶寶的尿布疹就減少很多。

錯過就太傻了！好好瞭解政府補助

前輩媽媽妙招

如果想進一步弄懂勞保、國保生育給付的資訊，可以去勞保局全球資訊網 http://www.bli.gov.tw/ 看看，資訊會最正確。進入首頁的勞工保險＞國民年金專區裡，點「生育給付」項目就可以瞭解。

前輩媽媽妙招

可以多加利用縣市政府、區公所、衛生所等機關，取得各式各樣的福利資訊。

其他資源聯絡資訊

福利諮詢專線 1957
https://1957.mohw.gov.tw/
低收入戶、中低收入戶、及單親家庭等福利措施，都可以打 1957 專線諮詢。

台灣生育率世界倒數第 3，為了提高生育率，政府提供了越來越多的生育福利，讓所有產婦和嬰幼兒都能享有補助。要注意的是，每年及各地區的補助方案都不太一樣，一定都要先仔細確認過再申請。有些補助政府會自動給付，不過也有很多福利是需要申請才能獲得的唷！

生育給付津貼（勞保／國民年金）　為了因應少子女化並鼓勵生育，女性參加勞保滿 280 天分娩或滿 181 天早產時，勞保局會依照平均每月投保薪資一次給予生育給付 60 日，生雙胞胎以上按比例增加；也就是說，1 胎生 1 個可領 2 個月，雙胞胎可領到 4 個月，3 胞胎可領到 6 個月。另外，投保國民年金的媽媽也可以一次領取 2 個月的生育給付，生雙胞胎以上也是按比例增給。

生育獎勵金（各縣市津貼）　是指各縣市政府的生育補助，新生兒的爸爸或媽媽設籍並居住在某縣市達到半年或 1 年以上，中間沒有遷出，也在該縣市辦理新生兒的出生登記戶籍的話，就可以依照各縣市規定請領生育津貼。

未就業育兒津貼　寶寶滿 2 歲前，父母至少有一方因為需要育兒，而沒辦法就業的話，就可以申請。每個小孩每月補助 2500 元，中低收入戶 4000 元，低收入戶 5000 元，但如果家庭總所得稅率超過 20% 就無法領取。

托育補助（0 ～ 2 歲托嬰／ 2 ～ 4 歲托兒）　雙薪家庭爸媽都要工作，如果將 0 ～ 2 歲的小孩交給跟政府簽定準公共化服務的托嬰中心或證照保母照顧，就能從衛服部領取每月 2500 元的補助金，第三胎以上每個月加發 1000 元。第二階段 2 ～ 4 歲小孩送到公共化或準公共化托育，也能繼續領取每月 2500 元的補助，降低學費負擔（由教育部給發，2019 年 8 月全台實施）。要注意的是，家庭總所得稅率超過 20% 就無法領取，也不可同時申請育嬰留停津貼或育兒津貼。

前輩媽媽告訴你生產禮品 5 大項目

身旁的人想買禮物恭喜你生了，你卻不知道該請對方買什麼比較好嗎？下面列出 5 大送禮好選項，絕對不造成雙方負擔，讓送禮、收禮都皆大歡喜。

嬰兒玩具

健力架、吊掛玩偶、搖鈴、磨牙器等選項，都是沒有負擔的好選擇。另外像是跳跳蛙的旋轉動物字母 ABC、日本 People 多功能七面遊戲機等結合教育性質的玩具，也會讓收到的人開心又感謝！

嬰兒護膚組

要從各種產品中找出適合自家寶寶的洗髮精和乳液，真的所費不貲。所以，如果能事先想好一些不錯的牌子告訴送禮的人，不論送禮的人或使用的人都會很開心。

小家電

如果家裡擁有哺乳燈、電子水溫計、濕度計等產品，帶小孩時就會輕鬆許多。這樣的小家電也很適合拿來送禮。

產婦用品

媽咪們照顧寶寶，就很難照顧到自己。想慰勞一下辛苦的媽咪，原料天然的防掉髮洗髮精，或成分天然的沐浴用品、保養品等，都是很棒的禮物。

母乳媽媽的小點心

對母乳媽媽來說，可以發奶的小點心、飲料都是很不錯的禮物。哺乳時很多東西都要挑著吃，所以買些母乳媽媽專用的食品就能安心吃了。

我收到一個禮物是滾輪式的尿布收納櫃，可以放濕紙巾、尿布等、而且方便移動，是很好的禮物。

我覺得不一定要送新生兒用品，如果收到 6 個月後可以用的嬰兒用品也滿好的，像是副食品用具或玩具等等。

前輩媽媽強力推薦！新生兒照護 10 大產品

照顧新生兒的日子，真的每天都不是蓋的。以下推薦 10 大必備的新生兒照護產品給眾媽咪，讓這段日子可以更加輕鬆、甜蜜又有餘裕。

攜帶型嬰兒床也是相當好用的單品喔！可以收成包包的樣子，方便提著到處走，不管是去婆家、回娘家，還是去旅行、外出，要換尿布時都可以使用，非常方便。

水溫計

電子水溫計偵測到水溫過熱，就會閃紅燈或有嗶聲警告。用手測水溫可能每次測都不一樣，而讓寶寶覺得不舒服，使用水溫計就能避免這樣的情形。

Bepanthen 修復軟膏

不論是尿布疹、或是皮膚脆弱的問題都難不倒這條小小的藥膏，只要在紅腫疼痛的地方擦上這藥膏，馬上就會好轉。另外使用擠乳器而造成乳頭龜裂時，擦這個效果也很好。

嬰兒毯

嬰兒毯真的是一件完美單品！白天寶寶睡覺時、或要坐嬰兒車外出時，都可以當寶寶的蓋被，很輕便。厚一點的毯子就可以當成嬰兒外出包巾，棉紗材質的毯子也能當成包巾使用。

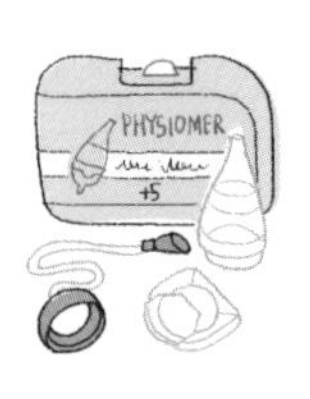

舒喜滿 Physiomer 洗鼻器

嬰兒鼻孔很小、而且異物很多，常常會塞住。鼻塞時，寶寶就沒辦法好好睡覺，也沒辦法好好吸奶，這時只要將洗鼻器稍微放入鼻孔、輕輕按壓，就能順利清出鼻屎。不管是自動式或手動式都很好用。

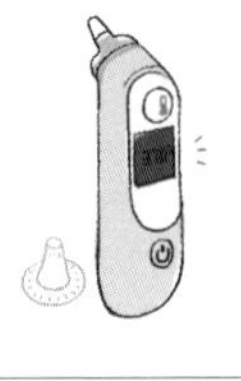

耳溫槍

耳溫槍可以輕鬆、快速又準確地測量出寶寶的體溫，是有小孩的家庭都必備的用品。因為會經常用到，建議挑好一點的產品。

固齒器

一般嬰兒會從第 6 個月開始長牙，快的話是第 3～4 個月，這時就會使用固齒器。貝親的綠色小花固齒器可以從第 4 個月開始使用，因為可以煮沸消毒，不用擔心細菌滋生，人氣相當高。除此之外也有滿多人選用牙刷固齒器、牙齦固齒器等。

雖然自己沒有到一定需要，但是看了一些部落格之後就買的也大有人在。所以購買前，別忘了再確認看看這個產品對自己和孩子來說是不是必要喔！

口水巾

寶寶到了 3～4 個月的時候會開始流很多口水，基本款的口水巾設計加上厚一點的布料，可以有效吸收口水，也不會弄濕小孩的衣服，相當好用。可以買兩三條輪流使用。

嬰兒漂浮墊是一種可以像手托住寶寶的嬰兒枕類產品，媽媽自己一個人幫寶寶洗澡的時候非常有幫助。

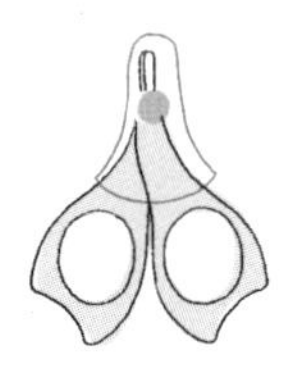

指甲剪

嬰兒用品店有賣整套的指甲管理組，其實只需要新生兒指甲剪刀就夠用了。嬰兒滿周歲前要用嬰兒指甲剪，不過滿周歲後，就算用大人用的指甲剪也不會有太大問題。

嬰兒洗衣皂

像 nac nac 的嬰兒洗衣皂、或水晶肥皂等天然肥皂，不管是大便漬或乳漬都可以立刻去除，非常好用。洗衣精也建議一併備著。

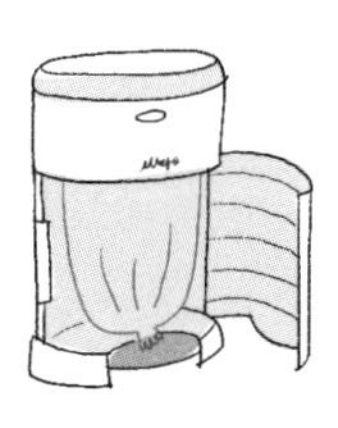

Magikan 多重防臭垃圾桶

你可能會覺得有需要買一個尿布專用的垃圾桶嗎？不過這可是使用過的媽媽們都大推的產品。寶寶開始吃副食品之後，大便就會變更臭，尤其夏天味道會更難聞，如果有這種垃圾桶就能解決問題了。

前輩媽媽告訴你新手媽媽必備的 APP

新生兒的睡眠期、確認哺乳時間的間隔，還有各種醫療資訊等等，都交給聰明好用的 APP 吧！試試前輩媽媽推薦的 APP，對第一次育兒的爸爸媽媽來說，真的相當方便。

像是育兒記錄或寶寶生活記錄這類的 APP，很多功能都是重複的，可以先下載來用用看，再挑自己覺得好用的就好。

我覺得 APP 一定要方便又好上手。比起有很多廣告、或同時有很多功能的 APP，我比較喜歡功能單純一點的。

	**臺灣超威的 Taiwan Super Weather** 提供全台每個鄉鎮市區的即時氣象、空氣品質，還有未來一週或 3 小時內的天氣預報，讓媽咪知道該準備什麼、出門不擔心。
	**寶寶生活記錄 Baby Tracker** 可以記錄餵奶、排便、睡眠和成長狀況，餵母乳、餵奶粉的媽咪都能使用。還有體溫記錄和提醒餵藥功能，功能非常全面。
	**育兒記錄** 記錄一天餵奶幾次、一次餵了幾分鐘，並確認睡眠時間及排便時間。內容可以即時共享，方便爸比、媽咪輪流照顧寶寶不出錯。
	**友善哺乳室** 不論在家附近或出遠門，都可以用這 APP 快速列出附近哺乳室，並有現場照片與詳細設備和服務，還有聯絡電話與導航資訊。
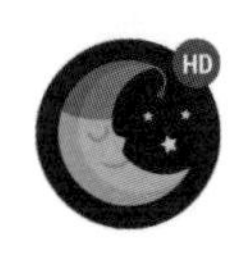	**搖籃寶 Lullabo** 精選出舒緩搖籃曲，還可以在搖籃曲播放的同時加入雨聲、吸塵器聲等白噪音，是一款可以讓寶寶睡得香甜的 APP。
	**KingDS 藥舖子** 一款提供醫藥資訊的 APP，直接在對話框輸入症狀、或是處方箋藥名，就能知道相關資訊，還有懷孕藥物分級，讓媽咪釐清用藥不擔心。
	**全民健保行動快易通** 可以線上申辦健保卡、查詢投保紀錄、用活期帳戶或信用卡繳健保費等等，還提供個人「健康存摺」，可以查詢就醫記錄。

萌寶日記

主打寶寶健康功能的 APP，根據疾管署的疫苗接種時程及衛教資訊，建立寶寶的健康照護提醒機制，讓爸媽有效率地完成寶寶疫苗接種。

MediQ 醫療輕鬆排

收錄全台 2 萬多家醫療院所，可用衛星定位找到最近地點，還有「線上掛號」與「候診進度」網址，看醫生不用傻傻等。

信誼奇蜜玩出大能力

依照寶寶不同年齡，每個禮拜都會提供適合的遊戲，促進五大領域發展，同時透過遊戲互動，幫助增進親子關係。

媽咪說

有豐富的孕產育兒知識，還有媽媽教室、母嬰用品開箱文等各種心得及二手買賣分享，讓你在育兒路上不孤單！

媽咪愛

操作方便，購物品質有人把關，有 7 天鑑賞期和實在的售後服務，是一個很不錯的媽咪、嬰幼兒用品購物平台。

時光小屋

可以上傳照片、日記、及影片，並同步分享給家人好友，也會自動幫你生成電子相簿，是寶寶最棒的成長記錄。

Baby Story

簡單、方便的照片編輯器，有各類濾鏡和貼圖裝飾：幾週、幾月、生日、特別節日⋯⋯，可以直接在 FB、IG 等等社交網絡分享。

小影 VivaVideo

APP 裡有多樣化的濾鏡，能拍出不同氛圍、各種風格的影片。編輯方式簡單，可以輕鬆製作一般影片，非常多人使用。

Magisto 影片編輯與製作工具

自動幫你把影片和照片編輯成各種主題的影片，做出來的成果有專家級的質感，小地方也都幫你處理得很細膩。

我覺得可以直接上傳寶寶影片和照片的日記型 APP 比較好用。帶小孩的時候根本沒時間整理照片，一有空就用手機直接上傳，就可以把記錄好好整理起來。

Q1 孩子一洗澡就哭，該怎麼幫他洗？

幫寶寶洗澡時，必須常常潑水到寶寶身上，才能讓他保持住體溫。

前輩媽媽妙招

準備一條長得像帽子、可以戴在頭上的毛巾擦掉水分，這樣就能維持體溫，也減少寶寶哭鬧的機會。

有的寶寶只要你想幫他洗澡就會開始哭，在他安安靜靜的狀況下幫他洗澡就已經很難了，要是他又哭又掙扎，洗澡這件事就會變得難上加難。寶寶討厭洗澡，很有可能是水溫不對，所以第一要先檢查水溫是不是剛好。此外，為了讓寶寶能適應水溫，要先從離心臟比較遠的手腳開始一點一點泡進水裡；等寶寶適應水溫，媽媽（爸爸）再輕輕用手幫寶寶潑濕、幫他洗澡。

另外，寶寶也有可能是因為氣溫變化，而討厭把衣服脫光的感覺，這時可以讓寶寶穿著穿脫方便的紗布衣來洗澡。依照腳掌、雙腿、屁股的順序洗完後，再拿著紗布巾、把手伸進衣裡幫他洗。等寶寶慢慢習慣之後，就可以把上衣脫掉、直接洗澡了。

當衣服或是讓寶寶有安全感的東西突然不見時，就會很不安，這時就用泡過溫水的毛巾或嬰兒衣蓋在寶寶胸前，有安全感就不會哭了。

還有其他值得一試的方法，像是在旁邊開著蓮蓬頭，讓寶寶聽到水聲、把注意力轉移到蓮蓬頭上；或是用玩具或吊掛玩偶等東西轉移他的視線，這也是一種方法，這樣寶寶就不會哭了。

❶ 確認洗澡水溫度
❷ 不要突然脫掉寶寶的衣服，可以讓他穿著嬰兒衣洗澡
❸ 用泡過溫水的毛巾蓋在寶寶胸前幫他安定情緒
❹ 隨時把溫水潑在寶寶身上

Q2 寶寶肚臍凸凸、鼓鼓的，沒關係嗎？

「嗚哇～嗚哇～」寶寶從媽媽肚子裡出來之後，就會切斷之前負責供給氧氣和養分的臍帶，開始要在這個世界上獨立生活了。醫生會在大約離肚臍 2 ～ 3 公分的地方用塑膠夾夾住再剪斷臍帶；剩下的臍帶等大概過了 7 ～ 10 天後就會開始發黑、變硬，然後自然脫落。如果沒有要去月子中心，而是回家照護新生兒的話，幫寶寶洗完澡後請用棉花棒或紗布將水氣拍乾。以前的做法是會消毒，但最近會建議就放著，比較容易乾。

臍帶脫落後，寶寶的肚臍看起來會有點凸凸、或鼓鼓的，一般來說，幾個月之後就會好轉，像香瓜肚臍一樣凸出來的狀況也會自然而然地縮回去。但如果肚臍不只是外表凸凸的、裡面看起來好像長了其他的肉，就有可能是臍部肉芽腫，需要去醫院檢查。

要是臍帶脫落的地方有流出一點血或膿的話，就要用消毒用紗布或酒精棉消毒。用鑷子夾起沾酒精的棉花或紗布、輕輕擦拭消毒，接著讓它完全變乾；一天 2 次，然後連續消毒 2 ～ 3 天，直到完全復原。新生兒的肚臍完全癒合最少需要 10 ～ 20 天左右，要是超過這個時間症狀還在，必須到小兒科就診。

過了 3 ～ 4 週臍帶都沒有脫落、肚臍周圍散發嚴重臭味、滲出很多血和膿，或是肚臍周圍變紅、長肉的話，都要到醫院看醫生。

用藥房買來的一次性殺菌酒精棉來消毒肚臍，滿方便的。

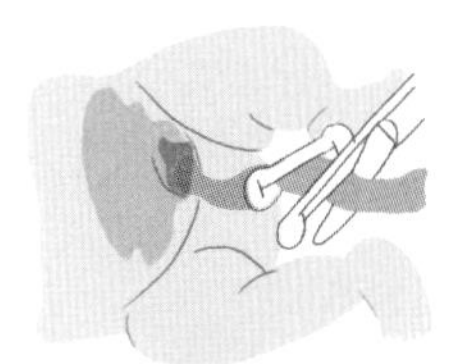

剪斷臍帶

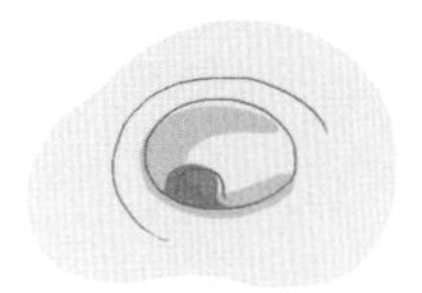

肉芽腫

1. 過一個月臍帶都還沒脫落，就要去醫院
2. 有一點的血或膿，要用酒精棉花消毒
3. 肚臍裡面長肉、或是滲出很多的血和膿，就要去醫院

Q3 什麼時候可以開始幫寶寶剪指甲？

洗完澡後指甲會比較軟，這時候很好剪。

寶寶指甲抓出來的傷痕通常會自然消失，但如果會擔心，為了預防起見，可以用手套包住寶寶的手。已經出現傷痕的話就擦些藥膏；如果傷口比較深，就去看醫生或貼人工皮。貼人工皮的時候，先在耳朵後方或其他部位試貼，確認沒有副作用再使用。

有人覺得嬰兒的指甲不用特別去剪，也有人說等出生滿 100 天就要剪；不過每個寶寶的指甲生長速度和形狀都不一樣，所以媽媽們應該要視情況來判斷自家寶貝需不需要剪。如果寶寶會用指甲抓臉，或指甲已經長到可能會斷掉，當然需要幫寶寶剪指甲。

指甲白色的部分長到 0.1 ～ 0.3 公分時，就可以幫寶寶剪指甲，一開始剪的時候用指甲剪刀會比較好剪，因為新生兒的指甲很小、很軟，用指甲剪比較難剪，也容易不小心剪到肉。趁寶寶睡午覺的時候，在光線亮一點的地方幫他剪，剪起來會比較方便。

寶寶的指甲如果剪得圓圓的，指甲可能會刺進肉裡而發炎，建議要剪成平平的一字型。剪的時候，指甲的邊邊要向外，不要向著肉。

剪指甲的工具有新生兒專用指甲剪刀、幼兒專用指甲剪刀，還有幼兒專用指甲剪等等，不過一開始先用新生兒用的指甲剪刀，大一點再改用幼兒專用的指甲剪，這樣的組合剪起來最方便了。

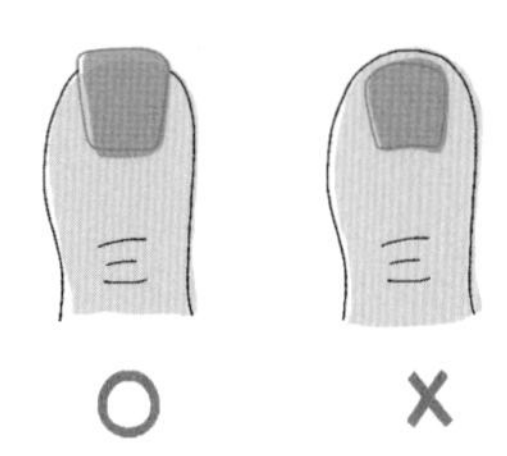

❶ 指甲長到 0.1 ～ 0.3 公分，就要用指甲剪刀剪掉
❷ 指甲邊邊要剪成向外的一字型

Q4 寶寶有很多黃黃的眼屎，需要去醫院嗎？

新生兒的鼻淚管還沒有發育完全，有時眼淚會流不太出來、眼睛裡面會卡很多眼屎。寶寶有眼屎的時候，可以先用棉花沾一點食鹽水或溫水，然後輕輕地從寶寶的眼頭由裡往外擦，一天擦 3 ～ 4 次。如果擦 1 ～ 2 天後症狀還是一樣或變得更嚴重，有可能是角膜炎或鼻淚管阻塞，這時最好去看一下小兒科醫生。如果出現眼屎像膿一樣黃黃的、或量很多，又或是只有一邊眼睛有很多等這些狀況，都很有可能是鼻淚管阻塞。

出生 6 個月內的寶寶，只要按摩淚腺就能好很多。只要一天按 2 ～ 3 次，一次反覆 5 ～ 6 下左右，在鼻側（眼睛旁的鼻翼附近）稍微出力、輕輕揉壓就可以有明顯的改善。大部分鼻淚管阻塞的寶寶，只要這樣按摩來疏通鼻淚管，症狀就會消失。

如果做了淚腺按摩依然不見好轉，產後 6 ～ 12 個月時，醫生可能就會用探針（末端圓圓的細長棒子）來疏通。如果這個也沒效，可能就會動手術放矽膠軟管。最保險的作法是當媽媽們怎麼幫寶寶按摩都沒效時，趕快去請教小兒科醫生，詢問最適合的處理方法。

我的孩子到 6 個月的時候眼屎都還是很多，就帶他去做疏通鼻淚管的手術。手術時間大概 10 分鐘。雖然寶寶哭到讓我好心疼，可是做完手術後都沒有再累積眼屎、變得很乾淨，我覺得效果滿好的。

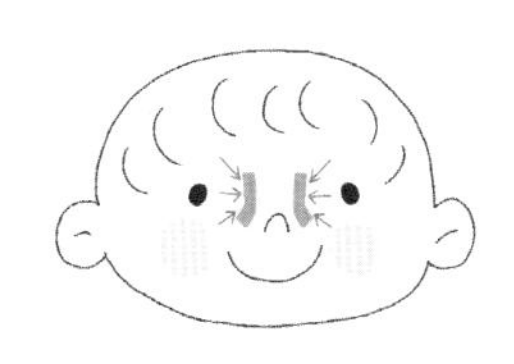

淚腺按摩
稍微出力、輕輕揉壓鼻子的兩側。

1. 按摩鼻側部位，一天按 2 ～ 3 次，一次反覆 5 ～ 6 下左右
2. 過了 6 個月症狀還是一直持續，就要去醫院
3. 症狀很嚴重的話，需要手術

Q5 寶寶長痘痘，不治療沒關係嗎？

舒緩凝膠成分 100% 都是水，有助於減緩胎熱以及痱子，不過如果像是新生兒痘痘、或異位性皮膚炎這種需要保溼的症狀，可能沒什麼幫助，擦了反而會讓皮膚變得更乾澀。

新生兒可能會出現的皮膚問題包括胎熱、新生兒痘痘、新生兒紅斑等等。雖然大多的皮膚問題還沒有找到確切原因，但一般都認為是嬰兒肌膚對物理或溫度刺激所出現的正常反應，不用特別治療，大多在幾週後都會好起來。

新生兒的痘痘不會像大人的痘痘那樣發紅腫起來，裡面會像是有膿、黃黃的。寶寶漂亮的臉上長了許多黃黃的痘痘，看了令人心疼又擔憂。到處檢查的結果都說：「時間過了就好了，就放著吧！」但媽媽心裡哪能放心呢？會一直擔心：「要是變嚴重了怎麼辦？要是留疤了怎麼辦？」一心想讓痘痘趕快消失。

雖然還無法確認新生兒長痘痘的原因，不過有研究報告指出，這跟出生前媽媽的荷爾蒙進入嬰兒體內有關。通常新生兒痘痘好發於寶寶出生後 2 ～ 4 週，常出現在臉上、胸口、背部、屁股等位置，有 50% 左右的寶寶都會長痘痘，算很普遍的症狀。大部分在幾週內就會漸漸消失，放著不處理也沒關係。

緩和症狀的方法，就是保持身體涼爽，並且做好保濕。洗澡時要洗乾淨，然後幫寶寶擦上適合的乳液就可以了，不需要特地去買凝膠類產品。出生後 1 個月內的寶寶如果在臉上擦乳液，比較容易出問題，所以乳液只要擦身體就好。有很多媽媽會分享他們小孩是擦什麼好的，不過其實絕大部分都是因為時間過了就自然復原，而不是因為擦了那些保養品的關係。

❶ 洗澡時洗乾淨，然後保持涼爽
❷ 幫寶寶擦上適合他的保濕產品
❸ 出生滿 2 個月前，可以先靜觀其變

Q6 寶寶頭上有頭皮屑！

寶寶喝完奶之後，睡得又香又甜，媽媽低頭一看卻發現他頭上有像頭皮屑一樣的東西而嚇了一大跳！這個東西就是台語裡常說的「囟屎（音：信賽）」。第一次看到的媽媽們可能會猜想：「是不是我幫寶寶洗頭沒有沖乾淨啊？還是長了什麼奇奇怪怪的東西？」不過其實這是一種「脂漏性皮膚炎」的症狀。

新生兒身體比較熱，加上皮脂腺分泌旺盛，就容易出現脂漏性皮膚炎。尤其髮量多的寶寶更容易發生，不只會出現在頭皮上，還可能會出現在額頭、耳朵後方等頭部週遭的皮膚。看起來會像是白色或黃色的結痂，在出生 6 個月到滿周歲的期間，症狀就會消失。

通常這個症狀會自然消失，不需要特別治療，但有時候症狀嚴重的話，寶寶會用手去抓、去摸，導致脂漏性皮膚炎的地方變紅或出現傷口。

脂漏性皮膚炎症狀嚴重時，平常最好要保持環境涼爽，也可以用嬰兒油或乳液幫寶寶充分做好保濕。例如將嬰兒油均勻塗抹頭部，等 10 ～ 15 分鐘後，再用嬰兒洗髮精洗頭並徹底擦乾。要是寶寶很不舒服或症狀很嚴重時，可以向醫生諮詢並拿藥膏來擦。

我的寶寶症狀很嚴重，所以我帶他去看醫生，醫生開了抗敏藥膏給我，擦了之後症狀就變好了。不過因為 Lidomex 抗敏藥膏裡面含類固醇，所以醫生說只能在症狀嚴重的地方擦薄薄一層，而且不可以連續使用超過一星期。

❶ 出生 6 個月到滿周歲的期間，先等症狀消失
❷ 如果症狀嚴重，可以請醫生開藥膏來擦

Q7 聽說胎熱會自己好，但到底要多久？

胎熱是種同時折磨媽媽和寶寶的症狀啊！如果寶寶難受得哭個不停，媽媽也會心疼得不知如何是好。新生兒的新陳代謝旺盛，體溫也比較高，調節體溫時，許多熱氣會從頭部、額頭、和臉頰上排出來。這時就會出現紅疹或顆粒狀的水泡，這就稱為胎熱。

剛開始會從臉的地方冒出一粒粒像米粒大的紅色疹子，嚴重的話則會蔓延到脖子後面、大腿，甚至全身。這種症狀大概出現在出生後 1 ～ 2 個月左右，會不斷反覆發作。不過媽咪們不用太過緊張，一般滿 12 個月，大多數的寶寶就會自然恢復正常。

想舒緩寶寶胎熱的症狀，建議最好先把家裡的環境弄得涼快些。屋子裡的溫度冬天大約在 20 ～ 22 度，春、夏、秋則維持在 23 ～ 24 度左右，濕度調整到 50 ～ 60% 才不會太乾。幫寶寶洗澡時用溫水清洗，快速洗 10 ～ 15 分鐘左右即可，重點是洗澡後要用成分天然的乳液和乳霜隨時幫寶寶塗抹身體，保持整個身體濕潤度。

有人為了治療這種症狀，會一天幫寶寶洗好幾次澡，但其實這樣反而只會讓寶寶皮膚變得更乾燥，所以建議還是一週洗 3 ～ 4 次會比較適合。

如果一直有胎熱，就要小心可能會演變成異位性皮膚炎。並不是說一直有胎熱就表示一定會變成異位性皮膚炎；只是滿多出現過胎熱症狀的寶寶，之後被診斷出有異位性皮膚炎，所以會提醒父母注意一下孩子的症狀，如果一直都有胎熱，就要去醫院接受治療。

❶ 保持環境涼爽（冬天 20 ～ 22 度，春、夏、秋 23 ～ 24 度）
❷ 濕度調整在 50 ～ 60% 才不會太乾
❸ 一週洗澡 3 ～ 4 次，用溫水清洗 10 ～ 15 分鐘左右即可

Q8 有什麼方法可以讓尿布在拿去丟之前不發臭？

新生兒必須隨時換尿布，雖然寶寶每次排便量不大，可是次數會很頻繁，只要時間稍微隔久一點才換，馬上就會發現寶寶的屁股變得又紅又腫，所以處理尿布也是一件大事啊！尤其天氣熱的時候，尿布一定要馬上處理，不然就會發出一股超級可怕的味道。

處理尿布的時候，要先把寶寶的大便丟進馬桶裡沖掉再處理。如果包的是布尿布，可以抓著尿布的一端，在馬桶上用蓮蓬頭沖一遍，把大便沖掉再清洗尿布會比較乾淨。如果是用紙尿布，結塊的大便就先丟馬桶；稀的大便就可以直接把尿布緊緊捲起來、拿小塑膠袋牢牢包好，再丟進一般垃圾袋，這是最簡單的做法。

還有一個很多媽媽們都大推的方法，就是使用防臭垃圾桶。像是 Magikan 這種垃圾桶，可以防止臭味散出，用起來真的不會有味道。

那麼要是在外出時、或要在車子裡處理便便的話，該怎麼辦呢？可以用尿布處理袋、尿布消臭袋這類的塑膠袋，把尿布另外包起來，不只香香的，也能防止細菌。上網查詢就會看到各種牌子，像是 Edison mama、Combi、BOS 等尿布處理袋的品牌。這些都適合外出時使用，也能防止臭味飄散，相當不錯。

有時候我一天要幫新生寶寶換 20 多次以上的尿布，不過我沒有用容量大的垃圾袋，通常我都用 10 公升以下的尺寸，然後常常拿去丟。

紙尿布雖然可以分解，但據說要等超過 500 年。當然也可以用塑膠袋裝尿布直接丟掉，不過考量到環境問題和寶寶的健康，我白天是用布尿布，到晚上才用紙尿布。雖然有點累人，但真的省下不少錢。

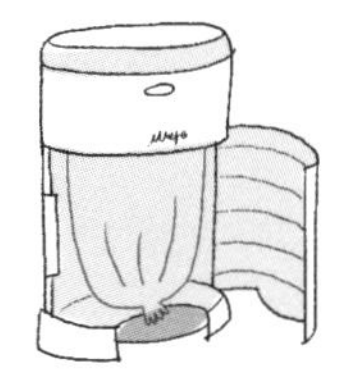

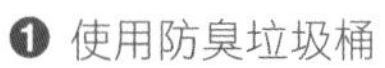

❶ 使用防臭垃圾桶

❷ 使用尿布處理袋

Q9 寶寶有鼻涕便，會是腸道炎嗎？

寶寶大便的顏色常常變來變去，有時候是黃的、有時候是綠的，還有時候聞起來有股酸味。後來我仔細觀察一下寶寶的大便發現，便便狀態會受到我吃什麼而影響。所以在哺乳期，選擇食物的時候一定要考量寶寶健康。

寶寶就算不舒服，也沒辦法用說的方式來表達，檢查新生兒健康狀態的最好方法，就是觀察他的糞便狀態。大便的量可以看出奶餵得夠不夠，大便的顏色和次數則可以看出寶寶健不健康。

出生後 2 ～ 3 天，寶寶會排出黏糊糊、深綠色像果凍一樣的便便；出生後第 7 天左右，排出來的便便會混合胎便和一般大便。之後寶寶可能會出現各種顏色的大便，健康的寶寶，便便大多呈黃色，有時也可能排出綠便（綠色的大便）；綠便也算是健康的便便。一般喝母奶的寶寶，大便會比較稀；如果喝奶粉，便便顏色就會比較濃黃，也常會看到綠色的便便。有時發現便便中有像米粒一樣的白色顆粒也是正常的，因為寶寶體內的消化液還不夠分解母乳或奶粉的蛋白質或脂肪，所以這些東西就會一顆顆地被排出來。此外，出現夾雜血絲的鮮紅色糞便、或黑色糞便時，有可能是細菌性腸胃炎引起的腸道出血，需要去看醫生。

如果是腹瀉、或便便中混著像鼻涕一樣又稀又稠的黏液，就是所謂的鼻涕便。寶寶正常玩、正常吃、狀況不錯，也沒什麼異狀的話，就不需要太擔心；但要是一天拉出 4 ～ 5 次以上的鼻涕便，並摻雜很多泡沫和黏液，或是寶寶一直哭鬧和發燒，就有可能是腸道發炎，要立刻到醫院就診。

❶ 糞便整體偏紅或偏黑，就要去醫院
❷ 一天拉出鼻涕便 4 ～ 5 次以上，就要去看醫生

Q10 新生兒便秘該怎麼辦？

新生兒有時候 1 天會排便 5 ～ 6 次，也有時候 4 ～ 5 天才排便 1 次。因為這時候的寶寶還不太懂得要怎麼排便，還不知道怎麼出力，所以想排便時只知道要出力，有時會沒辦法好好把便便排出來。

那要怎麼判斷嬰兒便秘呢？需要從糞便的狀態來判斷，而不是像大人一樣看大便次數。如果寶寶吃正常、玩也正常，大便次數就比較沒有什麼影響；但要是便便形狀像兔子糞便一樣圓圓硬硬的、而且已經超過 5 天都沒有排便的話，就有可能是便秘。

這時要先幫寶寶按摩腹部、或是餵一些乳酸菌都有幫助；拿沾溫水的紗布巾或濕紙巾按摩寶寶肛門，這也滿有效的。寶寶持續便秘 1 星期以上時，可以拿嬰兒油輕輕擦在肛門周圍，這樣塞住的大便就比較容易出來。

如果還是持續便秘，可以讓寶寶改喝專門解決便秘的奶粉，4 ～ 5 個月的寶寶建議可以換成水解奶，大部分喝水解奶的寶寶糞便都比較偏軟。

要是寶寶大便比平常還要稀、而且大便的次數增加的話，就有可能是拉肚子。這時最好先減少母乳的量，如果寶寶出現嘔吐或發燒現象，就一定要去看醫生。

聽說有嬰兒會超過 1 週都沒有大便，我的孩子就是這樣。我努力幫他按摩腹部，但是都沒什麼效果，到第 10 天我帶孩子去看醫生。醫生建議用棉花棒幫寶寶灌腸，我就拿新生兒用的棉花棒沾油，然後把棉花的部分反覆插進肛門再拔出來，馬上就見效了。只是不能太常幫新生兒灌腸，如果寶寶真的超過 1 週以上都沒有大便再幫他做。

❶ 新生兒 4 ～ 5 天排便 1 次是正常現象
❷ 反過來說，新生兒 1 天排便 4 ～ 5 次也是正常現象
❸ 如果寶寶一天拉稀 10 次以上，一直哭鬧不停或體重都沒有增加的話，就要去看醫生

Q11 寶寶尿布疹很嚴重，怎麼辦？

嬰兒肌膚非常嬌嫩、脆弱，加上因為常常都會排便的關係，肛門和屁股附近的肌膚就很容易起紅疹，其實大部分穿尿布的新生兒都經歷過。尿布疹出現的原因有很多種，可能是因為脆弱的皮膚一直跟濕尿布摩擦、尿液中有阿摩尼亞這類刺激皮膚的成分、沒有常換尿布、或是通風不良等等，也有可能是不知道寶寶拉肚子而沒有馬上幫他處理、因為吃了抗生素，或是因為腸道發炎而拉肚子，這些因素都很容易導致尿布疹的發生。

如果寶寶長了尿布疹，最好的方法就是先用乾淨的水把寶寶的屁股洗乾淨，然後再脫掉尿布讓嬌嫩的屁屁能夠好好透氣。號稱維持屁股乾爽的爽身粉，反而可能會讓疹子更加惡化，不建議使用。如果想擦點東西，也可以使用醫生推薦的 Bepanthen 修復軟膏。

想預防尿布疹就要常換尿布，而且最重要的是在寶寶大小便後，都要用水把屁屁洗乾淨，然後擦乾、不留水分，別讓尿布中有水氣悶著。尿布疹的症狀非常嚴重時，很有可能是因為尿布本身不適合寶寶的肌膚或長時間摩擦引起的，建議可以試試改用布尿布、或用型號再大一點的尿布，這些都是可行的方法。

我認為治療效果最好的藥是 Bepanthen 修復軟膏，保養品則是 Earth Mama 地球媽媽。Bepanthen 修復軟膏只要用一點點，就能解決寶寶的尿布疹，我自己是覺得不必特地去買尿布疹乳霜。

前輩媽媽妙招

寶寶尿布疹很嚴重的時候，我會在床上鋪防水用的尿布，然後脫掉寶寶身上的尿布，症狀就好轉許多。有時候會因為寶寶嚴重拉肚子導致尿布疹，我就會改用布尿布，真的也滿有效的。

❶ 用乾淨的水把寶寶屁股洗乾淨，然後脫掉尿布
❷ 洗完仔細擦乾
❸ 如果這樣做卻還沒痊癒，就換其他品牌尿布
❹ 尿布疹可以擦乳霜或藥膏

Q12 孩子一哭就要趕快哄他嗎？

有聽過別人說：「每次寶寶一哭就抱，會把他慣壞的。」也有人是覺得：「寶寶哭的時候去抱他，他會哭更兇。要是一哭就立刻哄他，寶寶的自我表達能力也會跟著降低。」所以主張不要馬上去哄小孩。

正確答案是：「每次寶寶哭的時候，在抱他之前要先幫他解決問題。」寶寶除了哭之外，沒有其他方式可以表達自己的想法。不舒服、肚子餓、想睡覺……等等，寶寶都是因為有需求才哭的。所以寶寶哭的時候，要先找出原因，解決他的需求。

寶寶遇到問題時會哭，然後這個問題就會被解決，在這樣反覆的過程中，就能慢慢建立出對世界的依賴和信任感。要是寶寶遇到問題再怎麼哭也沒有人幫他解決的話，他的信任感就會崩塌。不管是為了建立寶寶對媽媽的信賴，或是為了他的情緒發展，哭了就立刻回應，這點是無庸置疑的。

當寶寶哭的時候，就要先確認是不是肚子餓、是不是尿布濕了、房間是不是太熱或太冷等部分。接著看是要哺乳、還是泡牛奶給他喝，然後再用毯子包起來抱抱他。有時寶寶嗝打不出來、覺得不舒服就哭了，這時就要幫他拍嗝。萬一這些都做了他還是一直哭，可以抱著哄哄他；如果抱到手痛或覺得太累，也可以善用搖籃椅之類的東西安撫他。

前輩媽媽妙招

不需要因為身旁的人說了什麼就覺得有壓力，其實依照父母的判斷來照顧孩子是最準的。畢竟到最後也都是父母負責。

所有寶寶都最喜歡被媽媽抱著，這是真的！我家寶寶也是，他背上好像裝了警報器，只要讓他躺著就會哭。但媽媽也得活啊！所以孩子哭的時候，我就會幫他換尿布、餵他喝奶，讓他躺著並輕輕拍他。

❶ 寶寶哭的時候，先確認是不是肚子餓的時間、尿布濕了、或衣服穿得不舒服等等，然後幫他解決

❷ 抱抱孩子安撫他，或善用搖籃椅、安撫奶嘴等東西來哄他

Q13 孩子常常哭得好慘，為什麼會這樣？

聽說寶寶一到特定時間，就會不停地哭、哭到小臉整個都紅起來？有時候會哭到兩手握緊、肚子用力出力，整個人蜷縮起來、把膝蓋往肚子方向抬。如果寶寶像這樣放聲大哭、用盡各種方法哄他、逗他也沒辦法停下來的話，就要注意有可能是嬰兒腸絞痛。

所謂的「嬰兒腸絞痛」是指嬰兒消化機能還沒成熟而發生的症狀，一週可能出現 3 次以上、一天可能會無緣無故哭鬧超過 3 ～ 4 個小時。大概出生後 2 週會出現，到寶寶 3、4 個月大時次數會慢慢減少，一般常發生在深夜，而且出生後 6 週左右的寶寶症狀最為嚴重。

遇到嬰兒腸絞痛的時候，可以用帽子型包巾或嬰兒毯包得鬆一點，把寶寶的膝蓋往上彎、抬到肚子附近，像坐著一樣，慢慢、輕輕地搖他，這樣寶寶就比較不會哭了。還可以用溫暖的手輕輕摸他的肚子，也會滿有幫助的。

想預防嬰兒腸絞痛，記得餵奶後一定要幫寶寶拍嗝，而且要抱著餵奶。如果是泡奶粉給寶寶喝，餵的時候要注意盡量別讓空氣跑進去，可以試試看用順時針的方向按摩寶寶肚子，或者更換奶瓶、奶嘴。如果這麼做了寶寶還是一直哭，那就給寶寶吃乳酸菌或改喝特別配方的奶粉也可以。

所謂的 Tummy time（俯臥時間），是指讓寶寶趴著，藉此培養寶寶上半身的力氣，也有助於減緩腹痛症狀。出生 1 個月後，可以在媽媽看著的時候試試看。

餵母奶期間，最好先不要吃含咖啡因或容易產氣的食物，例如高麗菜、花椰菜、洋蔥等。

❶ 讓寶寶膝蓋彎曲、抬到肚子附近
❷ 按摩寶寶的肚子、吃乳酸菌
❸ 如果寶寶嘔吐或血便，可能是腸道堵塞或腹膜炎，要立刻就醫

Q14 為什麼坐著哄他就哭，站著哄他就不哭了？

寶寶哭了，坐著準備要哄他的時候，不知道為什麼他就會一直用力把腳踢直，想要我也站起來；等我站起來哄他，他就會用動作一直要我搖搖他或走一走，結果一定要等我抱著他走來走去的時候，他才會停止哭泣。但若是能坐著哄，媽媽也就不用那麼累。

站著抱孩子真的很辛苦，所以我用了搖籃椅。用了之後，確實哭鬧不休的狀況減少許多，但過 20 ～ 30 分鐘後，寶寶又會再哭。後來我乾脆準備一張搖椅，抱著寶寶坐在搖椅上搖，他就比較少哭了。

不久前 NHK 報導了一篇跟這有關的研究，日本化學研究院的研究結果顯示，當媽媽走路時，孩子哭泣的時間會比媽媽坐著時減少 1/10；當媽媽走動時，小孩的活動量也會比平常減少 1/5。媽媽本來坐著、後來開始走路的話，寶寶的心跳數大約在 3 秒內就會急速降低；再次坐回去時，寶寶的心跳數又會立刻上升。也就是說，媽媽站著抱孩子走來走去時，寶寶的身體狀態會最穩定。

如果媽媽想要盡量用舒服的姿勢哄寶寶，可以試試以下的方法：寶寶哭的時候，先抱著站起來安撫他，等他稍微冷靜一點之後，媽媽再換到自己覺得舒服的姿勢。一開始可以先坐在椅子上，但維持跟站著時類似的姿勢；接下來再慢慢改變姿勢，換坐低一點的沙發，之後再換坐在地板或床上讓背部靠著。等到寶寶過了放聲大哭的時間點、冷靜下來後，就算媽媽改變姿勢，寶寶也不會持續鬧個不停了。

❶ 寶寶哭的時候，先抱著站起來搖搖他或走動來安撫他
❷ 坐沙發上→坐床上→在床上把腳伸直、斜躺靠牆，階段性地慢慢找到舒服的姿勢

Q15 該怎麼帶新生兒外出？

讓嬰兒坐汽車安全座椅的時候，最好用蝶型枕或毛巾固定頭部，不要讓他的頭晃動。

所謂的「嬰兒搖晃症候群」指的是過度搖晃嬰兒，導致腦出血或頭部骨折等症狀。嬰兒頸部支撐頭的肌肉還很脆弱、很難獨力支撐頭部，如果遭到過度搖晃、或是受到衝擊，甚至會導致腦部或脊椎受損，因此不能讓新生兒搭車搭太久。

外出時該準備的東西

- 濕紙巾、紗布巾、幾件替換的衣服
- 尿布、尿布防臭處理袋、尿布帶
- 餵奶粉－奶粉、保溫瓶、奶瓶

  餵母奶－哺乳遮蓋布

出生未滿 100 天的新生兒，脖子還沒辦法好好支撐，所以盡量不要外出比較好。但也有需要帶寶寶接種預防疫苗，偶爾也會有一些狀況不得不外出。

如果去近的地方，會建議不要用嬰兒車，媽媽直接抱著移動會比較安全。為了避免抱著孩子走動時，衣服一直往上捲，可以給他穿連身衣比較方便。還有，要選在餵奶 20 ～ 30 分鐘後再出門，這樣寶寶比較不會哭鬧。

需要開車、外出到比較遠的地方時，要注意避免直曬到太陽、還有過度搖晃。可以讓寶寶戴帽子或裝上車用遮陽布，避免讓寶寶直接曬到太陽。另外，行駛速度也要慢一點，避免過度搖晃。就算寶寶一直睡得很香甜，每隔 1 小時還是應該要去休息站休息 10 分鐘。要是因為寶寶睡得很熟、沒有哭鬧就長時間開車的話，寶寶可能會嘔吐或出現不舒服的狀況，所以一定要到休息站休息一下再繼續開。

除此之外，帶新生兒外出時應該注意的地方是：維持寶寶體溫。寶寶的體溫調節力尚未成熟，體溫很容易上上下下；可以讓寶寶穿好幾層薄的衣服，也準備襪子和帽子，這樣不管變熱或變冷，都可以配合氣溫幫他調整。

❶ 如果要去近的地方，比起用嬰兒車，不如媽媽直接抱著外出

❷ 如果要開車出門就要慢慢開，每隔 1 小時就要去休息站休息 10 分鐘

Q16 醫生說有黃疸要住院，寶寶沒事吧？

所謂的新生兒黃疸，意思是血液裡的「膽紅素」成分囤積導致皮膚黃黃的，新生兒的肝功能尚未成熟，常會出現這種疾病，有時候也有可能是因為母乳成分而出現黃疸症狀。早產兒更容易出現黃疸，症狀也可能比較嚴重，不過大部分過了 3 ～ 4 天後，症狀就會漸漸消失。

如果出現的不是一般生理性的黃疸，而是病理性的黃疸，就需要接受照光治療。光看眼睛很難判斷黃疸的嚴重程度，所以醫生會從腳底或靜脈抽血檢驗。血液檢測後，如果發現膽紅素的指數過高時，醫生會把寶寶放進像保溫箱的醫療器材裡幾天，讓他接受照光治療，用這種方式把血液中的膽紅素排出體外。

有些寶寶從醫院育嬰室出院後就開始出現黃疸症狀，也有寶寶治療完出院之後又再次變得嚴重。萬一出生 3 天後，腿部、屁股、腳底、手掌都出現黃疸症狀，就要立刻去看醫生，要是沒有及早治療，危險的話甚至可能造成神經系統病變。近來大部分的月子中心都有小兒科醫生定期會診，能立刻發現新生兒有沒有黃疸症狀。只要接受治療就會馬上好轉，所以不用太過擔心。

前輩媽媽妙招

我讓寶寶在大學附設的醫院接受黃疸的密集治療，一開始數值是 14，等後來降到 7 就出院了。

前輩媽媽妙招

寶寶的黃疸數值雖然超過 16，但醫生跟我說可以不用做照光治療沒關係，我就出院了。後來用奶粉代替母奶來餵寶寶，大概過了 1 個月，黃疸就漸漸消失了。

新生兒黃疸大致上可以分成生理性黃疸以及病理性黃疸這兩種，兩種狀況的治療法、過程還有預期恢復狀況，都有很大的不同。

❶ 輕微黃疸很快就會消退，不用太擔心
❷ 如果連腳都變黃，或發黃狀況太嚴重，就要去醫院檢查

Q17 想知道怎麼照顧早產兒

早產兒，又叫未成熟兒，指的是在媽媽肚子裡待不到 37 週就出生的嬰兒。原本應該在媽媽肚子裡好好成長，卻迫不及待提早先來這世界報到，所以必須先待在保溫箱裡一段時間，等各個器官發育完全，才能適應這個世界的新環境。由於早產兒的肺部尚未發育成熟，通常會需要呼吸治療。如果寶寶出生時不到 34 週、體重未滿 1800 公克，餵奶時還無法協調地做到吸吮和吞嚥的動作，會先用鼻胃管補充營養，也可能需要進行黃疸治療、肝炎治療等。

寶寶是早產兒的話，會建議進行袋鼠式護理。所謂的袋鼠式護理，意思就是讓寶寶盡可能長時間且大面積地跟媽媽（或爸爸）有肌膚接觸，這種護理方法有助於孩子的情緒安定和發展。此外也要盡量讓寶寶喝母奶，有滿多媽媽覺得早產兒體型太小、無法吸奶，或覺得奶粉更營養，就沒有選擇餵母奶。其實就算沒辦法親餵，還是會建議媽咪們可以先用擠乳器吸出母奶，再用管子餵寶寶喝，因為母奶對於情緒發展和疾病預防都相當有幫助。早產兒容易出現壞死性腸炎，而臨床上顯示，奶粉寶寶罹患壞死性腸炎的機率，比母奶寶寶高出 6 ～ 10 倍，所以會建議如果媽媽狀況許可的話，最好能餵母奶。

早產寶寶住保溫箱的費用滿嚇人的，不過有健保的話就不用擔心。寶寶出生第 1 個月可以報媽媽的健保，第 2 個月起就要用小孩自己的健保。雖然現在出生 2 個月內都可以報戶口，不過早產寶寶的媽咪要在 1 個月內辦好健保，才不用擔心醫療費唷！

前輩媽媽
妙招

在算早產兒矯正年齡的時候，還滿容易搞混的。我自己是這樣記：發育狀況、吃的東西用矯正年齡（預產日）算；只有預防接種用出生日算。另外寶寶的百日宴或周歲宴，當然要用實際出生的日子來算囉！

可以利用早產兒居家照顧手冊來檢視寶寶的發育和生長狀況。比較需要注意的是要勤洗手，還有嬰兒用品的消毒、清洗，以預防壞死性腸炎。此外也要定期去醫院回診，並遵守預防接種的時間。

❶ 進行袋鼠式護理
❷ 用擠乳器餵寶寶喝初乳
❸ 預防接種依出生日計算，而發育狀況、該吃的食物等則要用矯正年齡計算

Q18 新生兒身上的蒙古斑什麼時候會消掉？

「蒙古斑」是指新生兒寶寶的屁股或背部出現了很大一片的青色斑點，一般這種情況會發生在東亞或非洲等地，最常出現在東亞蒙古人種的新生兒身上，所以又稱作「蒙古斑」。東亞地區 90% 的新生兒都會有蒙古斑，可以算是一種很常見的普遍現象。

蒙古斑是因為皮膚裡的麥拉寧色素沉澱而形成的，到小孩出生後 24 個月左右會最明顯，之後就會慢慢變淡，在 4 ～ 5 歲之前就會完全消失，不需要過度擔心。蒙古斑主要會出現在屁股和背部，有時也會出現在臉上、手臂、脖子等看得見的地方。

不過，偶爾會有人即使等到了成年之後，蒙古斑也還是沒有消失，這種狀況就稱為「異位性蒙古斑」。通常邊界不太明顯、顏色不深的蒙古斑，到 12 歲前就會完全消失；不過邊界很清楚、顏色比較深、有明顯青綠色的異位性蒙古斑，可能到成年後還是會像疤痕一樣留下來，所以最好可以在 1 歲前進行治療。如果小孩的眼睛附近有褐色或青綠色斑點，則很有可能是「新生兒太田母斑」。這些會長期留下的痕跡，越早開始治療，所需要的治療次數和時間就會越短，因此會建議最好能在兒童時期就進行治療。

我以為孩子長的是蒙古斑，但發現結果是血管瘤，後來就動了手術。如果蒙古斑鼓起來、或顏色看起來不太對，一定要去小兒科或大醫院檢查。

血管瘤大多會在 9 歲前減少或消失，不過要是長在眼睛周圍，可能會遮住眼睛；長在嘴唇、生殖器附近，則很有可能引發潰瘍或功能障礙，因此需要接受治療。重點是要在出生滿 1 個月前接受診療，以免症狀擴大。

❶ 大多數蒙古斑在 4 ～ 5 歲、最晚在 12 歲前就會消失，顏色較淺或不明顯的地方，可以等它慢慢消失

❷ 如果蒙古斑顏色很深，而且長在明顯部位，就要向小兒科醫生諮詢

Q19 把胎毛理掉，髮量會變多嗎？

有些媽媽剪下胎毛之後會做成胎毛筆或是另外保存下來，不過往往時間一久還是會把它丟掉，所以我覺得盡可能把胎毛縮小體積保存會比較好。

出生滿100天的寶寶很難帶出門剪頭髮，所以我是趁他睡覺，把毛巾鋪在頭下面，稍微修剪一下不好看的地方。

有時候長輩一看到寶寶沒什麼頭髮，就會不停說要把胎毛剃掉，還說這樣可以讓小孩頭髮變多。結果別說是要顧及小孩的髮量了，有些寶寶在滿100天的時候，本來長出來的胎毛還會大把大把掉下來，這時媽咪們就會開始煩惱：「到底是要把胎毛剃掉呢？還是放著就好？」把胎毛剃掉的話，頭髮就真的會變多嗎？

首先要澄清的是，把胎毛剃掉不會讓髮量變多。頭髮數量是依據毛囊決定的，而毛囊數量則是出生時就決定的；就算把頭髮剃掉，也不會增加毛囊數量，所以「剃髮會增加髮量」，這句話是錯的。要是把寶寶的頭髮全部剃光，頭皮少了頭髮的保護反而會很難調節體溫，寶寶容易覺得冷，或是在陽光照到頭皮時發燒。所以會建議修剪並留下適當的髮量，或是就保持原貌。

有些寶寶會在拍百日紀念照之前掉很多頭髮，如果掉髮程度已經會影響拍照，會建議修剪一下。不過就算放著沒有處理，胎毛也會自然掉落並長出新的頭髮，所以爸爸媽媽不需要太在意。有些爸媽會在家裡自己用理髮器幫寶寶理髮，不過其實理髮比想像中難，而且一不小心就可能傷到寶寶，所以如果爸媽們想在家DIY理髮的話，最好先充分練習，等到有把握時再幫寶寶整理頭髮。

❶ 胎毛可以幫助體溫調節，要留下適當髮量
❷ 寶寶滿100天前後如果掉髮嚴重，可以考慮幫他整理修剪頭髮

Q20 孩子嚴重鼻塞，該怎麼辦？

新生兒時期分泌物多，而且鼻孔比較小，鼻子很容易就會塞住。寶寶鼻子堵塞的時候會喝不太到奶而哭鬧，或是睡不好而覺得辛苦。而且，新生兒的鼻腔黏膜比較脆弱，常常會腫起來。這種時候，寶寶每次呼吸都會像有痰那樣發出呼嚕呼嚕的聲音。

如果寶寶沒有特別不舒服的地方，輕微的鼻塞也不會有太大影響，但要是寶寶因為鼻塞而很難喝奶或睡覺，有可能是室內濕度太低，這時就要先把室內濕度調整得比平常高一點。為了讓室內濕度可以維持在 50 ～ 60%，可以拿乾淨的毛巾晾在寶寶旁邊，或是把溫水放在噴水壺裡朝空氣噴也滿不錯的。還可以用浴室裡的浴缸裝滿溫水、等到浴室裡充滿水氣後，把寶寶抱進浴室 5 分鐘，然後輕輕按壓他的鼻翼，這樣就能減緩鼻塞的不適感。

如果寶寶鼻塞很嚴重，會建議最好幫他把鼻腔內的分泌物弄出來。把棉花棒用食鹽水或過濾水充分浸濕、稍微塞進寶寶的鼻孔裡；或是用溫水沾濕手帕稍微放在鼻子下面，一陣子之後再用棉花棒放進鼻孔內，就能比較容易把鼻子清乾淨。鼻塞嚴重時，可以滴 1 ～ 2 滴生理食鹽水在寶寶的鼻孔裡，輕輕揉揉鼻子，這樣寶寶就會打噴嚏，鼻腔裡的分泌物也比較容易出來。

用 Physiomer 舒喜滿溫和型洗鼻器或食鹽水噴一下鼻孔，然後用吸鼻器把分泌物吸出來，就能輕鬆「咻」一下把鼻子清乾淨，真的很棒。

電動吸鼻器雖然方便，但太常使用可能會對鼻腔黏膜造成負擔，建議偶爾使用就好。

1. 將室內濕度調到 50 ～ 60%
2. 溫熱手帕放鼻子下
3. 在濕度高的浴室待一下，然後按壓寶寶鼻子
4. 用生理食鹽水或洗鼻專用噴霧噴進鼻腔裡，輕輕揉一揉

Q21 孩子流鼻水又咳嗽，需要立刻去醫院嗎？

我的孩子滿 50 天的時候一直咳不停，帶他去看小兒科，結果發現是支氣管炎。吃 5 天的藥就好了。有些寶寶會從支氣管炎轉變成肺炎，所以如果寶寶咳嗽聲聽起來不太對，或咳得很厲害，就要看醫生。

很多媽媽都覺得新生兒不會感冒，就沒有特別留意。一般來說，新生兒會從媽媽那裡接收到免疫抗體，出生後 3 ～ 6 個月之間，的確是不太會受到病毒感染。不過，當照顧寶寶的人自己身體不舒服、或兄弟姐妹等家人中有人感冒的話，寶寶也可能因此感冒。

看到寶寶流出透明鼻涕或打噴嚏時，其實不用擔心他是不是感冒了。會流鼻涕或打噴嚏，可能是因為有灰塵或是空氣太乾造成的，很多時候只要幫寶寶調整到適合的濕度，就會沒事了。此外，有時候寶寶把痰吞下去也會有咳嗽情形，如果寶寶還是跟原本一樣，照常能玩能吃、沒什麼大礙的話，只要繼續觀察就可以了。

然而，要是寶寶不太喝奶，而且伴隨著發燒或長時間咳嗽，最好帶他去看醫生，因為有可能是得了支氣管炎或喉頭炎。出生不到 1 個月的寶寶如果症狀不嚴重，醫生可能不會開藥，或者視狀況開少量的藥。不過無論如何，為了不讓寶寶的氣管或呼吸道受損，會建議先去看醫生，交由醫生診斷會比較好。

❶ 輕微流鼻涕和咳嗽時，先調整溫濕度（溫度 23 ～ 24 度，濕度 50 ～ 60%）
❷ 注意寶寶是不是能玩能吃
❸ 如果寶寶哭鬧不休，或連續 2 ～ 3 天都咳嗽、流鼻涕，就要去附近小兒科就診

Q22 未滿 100 天的孩子發燒，一定要立刻就醫嗎？

如果孩子突然哭鬧不休，或覺得他體溫比平常更燙的話，就要幫他量一下體溫。嬰兒體溫比成人高，到 37.2 度都還算是正常體溫。

如果寶寶的體溫只比基礎體溫稍微高一點，有可能是房間溫度比較高，或是衣服穿太多造成的，可以先把周遭環境弄涼快一點。這時只要把寶寶移到涼爽的客廳，或讓他穿薄一點，過一陣子體溫就會恢復正常了。千萬別因為寶寶發熱就幫他把衣服全脫了，穿薄薄的衣服對調節體溫來說會比較好。但要是都這麼做了，寶寶還是持續發燒的話，就要注意很有可能是得了流行性感冒、腸炎、中耳炎、或尿道炎等感染性的疾病。

出生未滿 100 天的嬰兒，體溫比平常體溫高時，若四周環境已經弄涼快一點，且衣服也穿比較薄了，溫度還是都沒有下降的話，就要立刻去看醫生。即使是出生滿 100 天以上的嬰兒，如果體溫持續高於 38 度，也最好要去醫院比較保險。萬一是半夜發燒到超過 38 度，就先讓他吃退燒藥降溫。吃下退燒藥一小時後，要是體溫還是高於 38 度，可以拿泡過溫水的毛巾幫寶寶擦身體退燒。但要注意的是，如果只是微熱、體溫沒有高於 38 度，或寶寶有發冷情形時，就不建議這麼做。

當寶寶發燒時，有人只會在網路找對策來解決，但是比起在網路上查詢處理方法，更重要的還是要確實詢問醫生，配合寶寶的情況和症狀做正確處理。

可以去下載「寶寶生活記錄」這個 APP，當寶寶發燒時，這個 APP 可以設定鬧鐘提醒你定時測量體溫，或是提醒你吃退燒藥的時間，非常方便。

出生滿 100 天的嬰兒發燒超過 38 度時，有可能會出現偶發性的疹子，這時一定要去醫院。這種突發性的疹子又叫「嬰兒玫瑰疹」，主要在滿周歲的時候發作。由於其他病症像：腦膜炎、敗血症、肺炎等，也可能會有發高燒和出疹的症狀，所以檢查是必要的。

Q23 一定要預防接種嗎？

就讀公立幼稚園、私立或附設幼稚園、國小等等，都需要預防接種記錄。各地政府的衛生局、衛生所網站，都可以申請預防接種的記錄和證明書。

前輩媽媽
妙招

可以的話，預防接種時間最好選在早上。因為寶寶出現發燒、副作用的話就要再去醫院，但如果是晚上出現異常狀況，就很難馬上處理。

預防接種後可能會有些微發燒的現象，也可能比較會哭鬧不休。狀況不嚴重就不用擔心，但如果在預防接種後 24 小時內出現嘔吐現象、發燒到 38 度以上、接種部位嚴重腫起來，或摸起來很硬，就需要去醫院檢查。

聽到疫苗出包，或是有寶寶預防接種之後出現不良反應，就會有媽媽擔憂地問：「一定要預防接種嗎？」預防接種不只是為了寶寶，同時也是為了跟寶寶一起生活的其他人，所以接種是必要的。自從施行了預防接種的政策之後，以前曾經發生過的嚴重疾病問題現在都消失了。

目前比較有爭議的，就是含有鋁鹽成分疫苗佐劑的疫苗，不過在長時間觀察之下，結果並沒有發現明顯問題。另一項容易讓人有疑慮的就是含汞疫苗，但是疫苗裡的乙基汞可以被身體代謝，而且不曾有過含汞疫苗造成傷害的案例，所以爸爸媽媽不需要太過擔心。

偶爾也有媽媽堅持不讓寶寶打疫苗，還說生過一次病就有免疫力了，這樣不是更好嗎？但是如果看一下整個生病過程，也許會改變你的想法。有些疾病可能會導致喪命或留下嚴重後遺症，你覺得病一次看看比較好呢？還是事先預防接種好呢？

如果是遇到感冒流行期，或是寶寶狀況不太好而想要換其他時間做預防接種的話，建議一定要跟醫院聯繫並跟醫生仔細討論後再做決定。因為有些疫苗必須在定下的期限內接種，才有效果。

❶ 要去預防接種的那天，注意寶寶的狀況
❷ 接種後不要洗澡
❸ 量體溫（24 小時內可能會有 38 度以下的微熱反應）
❹ 不要摸接種的地方（肌肉可能會暫時性結塊）

Q24 一天內可以接種各種疫苗嗎？

有時去預防接種的時候，可能一次就打了兩三種疫苗。光是打一針在柔嫩嬌小的寶寶身上，爸媽就心疼地不得了，更何況一次打好幾針，父母真的會很擔心寶寶到底能不能受得了、萬一發燒了該怎麼辦……真的能一次打好幾針嗎？答案是：「可以。」

除了特殊情況之外，一般醫生都會建議父母盡量在同一天把該接種的疫苗都打完。你可能會覺得一次打好幾種疫苗，對寶寶來說好像很危險，但其實並不是這樣。而且一次打完，不但可以減少寶寶進出醫院的次數，且父母忘記而錯過施打日期的情形也會比較少。

不過要先知道的是，雖然所有種類的疫苗都可以同時接種，但每種疫苗都會使用不同的針筒，而且同時接種的話，同一隻手臂或腳上施打兩種以上的疫苗時，接種區域最少要相隔 2.5 公分以上。此外，有些疫苗需要隔超過 4 週之後才能再打，通常衛福部網站有「預防接種」時程表，只要輸入寶寶的姓名及出生日期，就有接種預定日期一覽表，爸媽只要配合日期帶寶寶去接種就行了！

當然也有父母無論如何都不願意讓寶寶一次打這麼多針，如果父母不想讓寶寶一次打這麼多疫苗，也可以隔一些時間再來接種，所以會建議先跟醫生商量後再做決定。

父母如果不想讓寶寶一天內把所有疫苗都打完，可以跟醫生說說看。醫生會讓寶寶改天再來接種。

如果要延後施打某些疫苗，就要按照預防接種的施打標準來變更接種日期，可能會需要減少疫苗施打的次數，也有可能不需要接種。要延後接種的話，最好跟醫生討論再決定後續接種日期。

預防接種的日程和次數是根據醫學數據來定的，不建議任意更改原先設定的日期和次數。

❶ 配合日期預防接種
❷ 按照醫生建議接種
❸ 如果很擔心，可以跟醫生商量，隔 2 ～ 3 天或一週後再來接種

Q25 預防接種怎麼打？

預防接種，是指把病菌接種到人身上，讓免疫系統分辨病菌，然後在體內製造並儲存抗體，讓人對那種病菌引起的疾病有更強的抵抗力。

目前國內疫苗有公費和自費兩種，公費疫苗是政府評估這疾病影響重大，而且疫苗效果好，所以列入補助。自費疫苗則是要加強特定的保護力，可以跟醫師討論要不要自費施打疫苗。

政府補助公費預防接種

以 2018 年為基準，公費疫苗共有 9 種，由政府全額補助。

B 型肝炎疫苗　非活性疫苗，採肌肉注射，總共 3 劑，接種時間分別為出生 24 小時內、滿 1 個月、6 個月。

五合一疫苗　預防白喉、破傷風、百日咳、小兒麻痺、b 型嗜血桿菌，屬非活性疫苗，採肌肉注射，總共 4 劑，時間為滿 2、4、6、18 個月。

肺炎鏈球菌疫苗　屬非活性疫苗，採肌肉注射，公費補助 3 劑，接種時間為滿 2、4、12 ～ 15 個月，也可自費在滿 6 個月多打 1 劑。

卡介苗　預防結核性疾病，屬活性減毒疫苗，採皮內注射，只需 1 劑，接種時間為滿 5 個月後。可以先檢查寶寶有沒有「嚴重複合型免疫缺乏症」。

水痘疫苗　採皮下注射，屬活性減毒疫苗，只需 1 劑，時間為滿 1 歲後。

麻疹腮腺炎德國麻疹混合疫苗　屬活性減毒疫苗，採皮下注射，共 2 劑，時間為滿 1 歲、及滿 5 歲～入小學前。

預防接種相關疑問

- 衛福部疾病管制署網站
  https://www.cdc.gov.tw/rwd
  「預防接種專區」
  電話：02-2395-9825
  聽語障免費傳真：
  0800-655955
- 各地方政府衛生局預防接種諮詢專線，可至衛福部網站查詢（預防接種 > 預防接種專區 > 常用預防接種資訊 > 各地方政府衛生局預防接種諮詢專線）

腦膜炎雙球菌的預防接種時間，會根據疫苗而有出生 2 個月後，或者出生 9 個月後的差異，最好跟醫生討論後，再來決定該接種的時間和次數。

衛福部疾病管理署有「幼兒常規疫苗接種時間試算表」，只要輸入寶寶姓名和出生日期，就可以列出接種期間喔！（預防接種 > 預防接種專區 > 公費疫苗項目與接種時程 > 現行兒童預防接種時程 > 幼兒常規疫苗接種時間試算表）

日本腦炎疫苗　屬非活性疫苗，採皮下注射，共 2 劑，時間為滿 15、27 個月。

A 型肝炎疫苗　屬非活性疫苗，採肌肉注射，共 2 劑，時間為滿 12、18 個月。

流感疫苗　屬非活性疫苗，採用肌肉注射，第一次接種時間為滿 6 個月後、需施打 2 劑，2 劑間隔 1 個月，之後每年施打 1 劑。

自費預防接種

輪狀病毒疫苗　伴隨著嘔吐、腹瀉、發燒的輪狀病毒腸胃炎，是一種具有高度傳染性和復發危險的病症。已經預防接種還是可能會感染，接種過的寶寶就算感染，症狀也會比較輕微，會建議自費接種。

輪狀病毒疫苗有輪達停 RotaTeq 和羅特律 Rotarix 這兩種。其中輪達停要在出生後 2、4、6 個月接種 3 劑，每一劑自費約 2000 元；羅特律只要在出生後 2、4 個月接種 2 劑即可，每一劑自費約 2500 元。輪達停的預防期間長，抗體是慢慢形成，效果可持續到 4 ～ 5 歲。羅特律則是接種 2 次，抗體比較快產生，但預防期間較短，效果可持續到 3 ～ 4 歲。

接種卡介苗後，一開始會有紅紅的小凸起，通常過 1 ～ 2 個月會慢慢變成膿泡。膿泡可能會破掉流膿，只要用無菌紗布或棉花棒擦乾淨，保持清潔與乾燥就可以了，不用刻意擠它或擦藥。2 ～ 3 個月後膿泡就會慢慢自行吸收。

前輩媽媽妙招

如果寶寶卡介苗的膿泡太大，或是到 1 歲傷口都沒有癒合，可以找小兒科醫師幫忙，用針抽把膿排出來。

我國現行兒童預防接種時程（107.12 版）

來源：衛生福利部疾病管制署

	疫苗種類	預防疾病	次數	24小時內	1個月	2個月	4個月	5個月	6個月	12個月	15個月	18個月
政府補助公費預防接種	B 型肝炎疫苗 HepB	B 型肝炎	3	第 1 次	第 2 次				第 3 次			
	五合一疫苗 DTaP-Hib-IPV	白喉、破傷風、百日咳、小兒麻痺、b 型嗜血桿菌流感	4			第 1 次	第 2 次		第 3 次			第 4 次
	肺炎鏈球菌疫苗（結合型）PCV	鏈球菌肺炎	3			第 1 次	第 2 次			第 3 次		
	卡介苗 BCG	結核性疾病	1					1 次				
	水痘疫苗 VAR	水痘	1							1 次		
	麻疹腮腺炎德國麻疹混合疫苗 MMR	麻疹、腮腺炎、德國麻疹	2							第 1 次		
	日本腦炎疫苗 IJEV	日本腦炎	2								第 1 次	
	A 型肝炎疫苗 HepA	A 型肝炎	2							第 1 次		第 2 次
	流感疫苗 IIV	流行性感冒	–						每年接種			

Q26 家裡可以開冷氣機或空氣清淨機嗎？

答案是：「可以的。」新生兒的房間裡，可以使用冷氣、電扇，也可以使用空氣清淨機。不過，因為新生兒對溫差比較敏感，開冷氣時建議不要跟室外溫度相差超過 5 度，而且不能讓風直接吹到寶寶。天氣太熱的時候，可以讓寶寶穿著薄長袖、開冷氣吹 30 分鐘之後關掉，這樣就不會對寶寶造成負擔。

另外，由於空氣汙染的問題日益嚴重，近年來使用空氣清淨機的人越來越多。家裡有小寶寶的，會建議使用能過濾汙染物質的濾網式空氣清淨機，可以購買 HEPA 濾網分級 H13 以上、能過濾空氣中細懸浮微粒（PM0.3），再加上低噪音、符合坪數、維修費低的機型。

秋冬天氣變乾，很多人會選擇用加濕機調節濕度，而加濕機一般分為加熱式、超音波式和複合式。建議選擇不易生鏽又耐用的不鏽鋼或矽膠材質，並且記得在每天使用後，用醋、食用小蘇打粉、鹽巴水等天然清潔劑清洗，這樣就可以放心使用了。

使用任何家電用品都要放得離寶寶遠一點，也要定期清洗濾網來保養機器。如果覺得加濕機有疑慮，也可以使用備長炭調節濕度，或是滴一點植物精油在水裡、用噴霧器噴灑，這樣也可以維持空氣濕度。

同時開加濕機和空氣清淨機的話，清淨機就會把水分子當成懸浮微粒，導致懸浮微粒指數變高，所以這兩種要分開使用。另外加濕機一次不要開超過 3 小時，也要保持通風。

前輩媽媽
妙招

空氣清淨機分為濾網式、負離子式和複合式等，其中負離子式機型會產生臭氧，需要計算一下臭氧量。

有很多父母都想知道能不能使用電蚊香，雖然沒有具體數據顯示會造成什麼不好影響，不過無論如何，蚊帳會比蚊香來得安全。

❶ 任何家電產品都要放遠一點，讓新生兒碰不到
❷ 選擇容易清洗的產品，做好清潔保養
❸ 使用天然的加濕機、噴霧，盡量不用化學產品和機器

Q27 孩子咿咿呀呀說話時，該怎麼回應比較好呢？

寶寶出生前在媽媽肚子裡就能聽見聲音，出生超過一週後，甚至能聽見細微的聲音。出生滿 2 ～ 3 個月時，寶寶會把脖子轉向發出聲音的方向；發育快一點的寶寶，則能認出爸爸媽媽的聲音。

出生滿 2 個月左右，寶寶會發出「ㄚ、ㄟ、ㄛ」這類的母音；滿 3 個月後，就可以把「ㄚ、ㄨ、ㄜ」等不同母音連在一起，持續發出聲音 15 秒以上。這時如果媽媽反覆地發出聲音給寶寶聽，他也會跟著發出類似的聲音和音調。

嬰兒會發出這種咿咿呀呀的聲音，是因為神經肌肉發育而出現的現象，這是寶寶在學會用言語或單字表達意思之前的「自言自語」。爸爸、媽媽或照顧寶寶的人，如果能積極回應他牙牙學語的聲音，就能刺激到寶寶的溝通欲望，連帶對他的語言發展也會很有幫助。

因此，會建議多多跟寶寶說話，形成活潑、積極的互動模式。「哇～濕濕的耶！幫你換乾乾的尿布喔～」可以像這樣用說話的方式，把你要做的事說給寶寶聽，這樣他就能感受到媽媽的關愛，也能刺激他的語言發展。還有，看著寶寶的眼睛模仿他說話、或對他作出反應，寶寶都會有對話的感覺。同時再加上各式各樣表情的話，就可以連情緒都傳遞給心愛的寶寶。

爸爸需要一起幫寶寶換尿布、餵奶，跟孩子對話的機會才會多一點。在照顧寶寶的時候說明情況給他聽，或是把爸爸媽媽的想法、感受告訴寶寶，這樣對腦部發育很有幫助。

❶ 積極回應寶寶牙牙學語的聲音
❷ 把要對寶寶做的事說給他聽

Q28 孩子醒著的時間變多了，要怎麼陪他玩？

如果覺得一定要玩很有趣的遊戲而感到有負擔的話，這樣跟寶寶相處的時間反而會變得很累人。其實只要充滿感情地看著他、跟他互動就很足夠了。

寶寶睡覺時，大多會握著拳頭、雙手舉高像在喊萬歲的樣子。要是肚子餓、或覺得不舒服，就會用哭的告訴媽媽，得到滿足後又會繼續睡。雖然寶寶看起來好像整天都在睡，不過這段期間是寶寶透過看、聽、觸摸等刺激讓神經纖維成長，並且建立腦部迴路的重要時機。在出生滿 100 天之前，如果搭配適合的遊戲陪寶寶玩，就能幫助頭腦發育喔！

〔出生 1 個月的遊戲方式〕

☐ 讓他聽爸爸媽媽的聲音：念書給他聽、講故事給他聽、對寶寶的行為作出反應，常常讓寶寶聽見人聲

☐ 抓手手：把拇指放在寶寶手上讓寶寶抓著，跟寶寶握手

☐ 幫寶寶按摩：換尿布時或洗澡後，用嬰兒油從寶寶的手腳末端往心臟方向輕柔按摩

☐ 用顏色鮮明的玩具跟寶寶玩：拿顏色鮮明的玩具靠近寶寶的臉給他看，讓他慢慢對顏色產生好奇

〔出生 2 個月的遊戲方式〕

☐ 回音遊戲：寶寶說「ㄚ」、「ㄨ」的時候，就跟著他說

☐ 輕拍寶寶、唱歌給他聽：為了活化寶寶的腦部作用，可以躺在旁邊輕拍他，並唱歌給他聽

☐ 掛吊掛玩偶或搖鈴：在寶寶手碰得到的地方掛些玩具，當他伸手摸這些玩具時，會感受到玩具發出聲音並反覆去摸

☐ 幫寶寶做體操：握住寶寶的腳踝或膝蓋，跟他玩兩腳輪流彎曲、伸直的遊戲

☐ 邊唱兒歌邊做動作：可以邊唱兒歌邊把寶寶的手臂打開再合起來，做些簡單的動作培養他的感覺

抓手手

用彩色玩具跟寶寶玩

掛吊掛玩偶或搖鈴

邊唱兒歌邊做動作

〔出生 3 個月的遊戲方式〕

□ 抓抓遊戲：為了培養寶寶能正確出力抓握，可以拿磨牙器或娃娃讓他握

□ 嘴巴放屁的遊戲：把嘴巴貼在寶寶肚子上，然後「噗噗～」吐氣來跟寶寶玩

□ 給寶寶看圖畫書：把大本的圖畫書打開給寶寶看，讓寶寶發展視覺和聽覺

□ 眼睛追玩具：把玩具放在寶寶臉前面約 20 公分的距離並左右移動，讓他的眼睛追著玩具跑

□ 對準視線：當寶寶對著某個東西咿咿呀呀時，就對他說出那個東西的名稱，或跟他說話

嘴巴放屁

眼睛追著動來動去的玩具

〔出生 4 個月的遊戲方式〕

□ 趴著抓玩具：讓寶寶趴著，在他手碰得到的地方放些玩具，引導寶寶自己去抓

□ 觸覺遊戲：給寶寶一些安全、可以摸的東西，促進觸覺發育

□ 趴著眼神對視：寶寶脖子能確實抬起來之後，可以跟他一起趴著並眼神對視

□ 搖一搖：寶寶可以被抱立時，把手伸到他的腋下抱著他搖一搖

□ 抓癢癢：輕輕搔寶寶的腋下或肚子跟他玩

□ 玩變不見遊戲：用雙手遮住臉把臉變不見再露出臉

□ 做各種表情：對寶寶做各種表情來跟他玩

趴著眼神對視

變不見遊戲

出生 100 天的玩具

出生後 1、2 個月　用吊掛玩具、練習對焦的書、搖鈴等給予刺激

出生後 3、4 個月　拿嬰兒布書或玩偶讓他直接摸看看，並使用擬聲詞、擬態詞等用各種聲音表達跟寶寶玩。玩具數量不一定要很多，單用一個玩具，也能用各種方式玩遊戲。可以用國民玩具——嬰兒健力架、不倒翁等玩具給予寶寶刺激。

Q29 如果想跟老公一起育兒，建議用什麼方法？

整理出一個做法讓老公帶孩子，就會比較省事。可以整理出一些明確的步驟和做法，像是濕紙巾、尿布等物品要放在固定的位子，或是在奶瓶上貼泡奶粉的步驟等，讓老公也能輕鬆參與。另外讀一些跟爸爸育兒有關的書也會很有幫助。

前輩媽媽
妙招

最重要的就是要鼓勵老公。畢竟老公無法整天陪著寶寶，照顧孩子時當然會比媽媽更不熟練一點。不過如果能鼓勵並稱讚他，老公就可以愉快照顧寶寶，其實媽媽也是從頭學起，老公只要學習也能做到的。

許多前輩媽媽都說，從新生兒開始就應該讓老公一起參與育兒過程，以後才能一起幸福地帶孩子。這麼說是因為當寶寶再大一點之後，爸爸們可能會覺得難為情而更難照顧寶寶，也會覺得媽媽們比較做得來，結果就讓爸爸們對帶孩子這件事更卻步不前。而且，爸爸和媽媽能給予寶寶的刺激和教育不一樣，如果夫妻一起投入育兒，寶寶的發育也能更均衡。以下就來介紹適合老公一起參與的超有效育兒方式。

跟老公一起育兒

幫寶寶洗澡　爸爸放好洗澡水之後，確認一下溫度，把洗澡毛巾、紗布巾、洗髮精、尿布等必需物品擺出來，這時媽媽可以抱著並觀察寶寶。接著其中一個人抱著寶寶的手臂、另一個人用水擦拭寶寶，一起幫寶寶洗澡。

幫寶寶餵奶　如果是餵母奶，可以先由爸爸抱著寶寶，等媽媽準備好再把孩子交給媽媽。媽媽餵奶時，爸爸可以在旁邊講講話或朗讀書籍，這樣媽媽就不會有獨自餵奶的感覺。如果是泡奶粉餵奶，也可以跟爸爸輪流泡給寶寶喝。

跟寶寶玩耍　寶寶的狀況不錯時，媽媽可以讓出一些時間給爸爸一起跟寶寶玩耍。可以把要跟他玩的玩具、書本、玩偶給爸爸，並具體說明要怎麼玩。

哄寶寶睡覺　夫妻一起哄寶寶睡覺。如果是太太抱著寶寶，老公可以唱唱歌，或讓他躺平念故事書給他聽，這些做法都不錯。

Q30 孩子什麼時候才會跟人對視並認得出爸爸、媽媽？

寶寶出生都過了 1 個月，眼睛好像還是沒辦法好好對焦，讓你覺得好擔心嗎？孩子到底什麼時候才會認得出爸爸、媽媽的臉呢？

視覺是最晚發育的感官，要等到出生 2 個月後，寶寶才能認得出爸爸、媽媽。出生後 1 ～ 2 週，嬰兒的眼睛只能定睛注視 20 ～ 35 公分內的東西，視線沒辦法跟著移動的物體一起移動。要等大約滿 4 週之後，才能認得出眼前 20 ～ 30 公分內的東西，在那之前都只能看到輪廓明顯，或是明暗很清楚的東西而已。

大概 2 個月大的時候，寶寶就可以對焦並看得出物品的整體形狀。這時嬰兒眼睛睜開的時間也會變長，所以從這時開始，寶寶的眼睛會跟著媽媽的臉移動、望向亮的地方，也會開始眨眼睛。也就是說，要等到寶寶出生 2 個月後，才有辦法跟爸爸、媽媽眼神對視，也才會跟著父母笑，這時眼睛才開始能正確對焦。

出生後 3 ～ 4 個月，視力會開始正式發育，所以寶寶能分辨顏色到一定程度；到了 5 ～ 7 個月時，兩眼視力的功能就能更準確地用兩邊眼睛看東西。

要是出生 2 個月後，寶寶的視線都還無法對焦、或是不會笑，就有可能是眼睛本身內部的問題（先天性青光眼、白內障），或者是腦部方面的發育有障礙，建議向小兒科醫生諮詢，確認寶寶狀況。

除了視力發展之外，另一個需要仔細觀察的就是脖子的支撐力。寶寶開始可以把頭部直立起來的時間點，大約是出生滿 3 個月；而能穩定支撐脖子的時間點則是出生滿 4 個月的時候。出生滿 3 個月的寶寶只要能稍稍抬起脖子一點點就沒有關係，但如果寶寶無法撐起脖子、脖子還往後垂，或是出生已經超過 5 個月，脖子還是無法穩定支撐，就要詢問醫生。

寶寶的聽覺會比視覺更早發展，就算是新生兒也會對巨大的聲音有反應，而且也會從媽媽的聲音得到安全感。寶寶滿 4 ～ 5 個月，頭就會朝發出聲音的方向轉過去，出生滿 9 ～ 10 個月時，就能正確知道自己的名字。

Q31 有能好好拍出並保存寶寶照片的方法嗎？

可以用影片編輯 APP（Video Show、Snow、Viva Video 等），這些 APP 在拍照、編輯、影片後製等方面都很多樣化，非常好用。

前輩媽媽妙招

除了去照相館照相之外，我也會用手機拍下即時照片，然後按照時間點做成相簿。出生滿 100 天、滿 200 天、滿周歲等，滿滿都是我親手拍的即時相片，比在照相館照的相片更能成為美好回憶。以後孩子結婚還可以用這些照片做成他的成長回憶錄呢！

想在寶寶小的時候幫他拍照留念，卻沒有可以帶去照相的地方……新生兒時期很快就會過去，所以一有空就要把寶寶拍下來，以後才不會後悔。如果只仰賴去照相館的時候留下回憶，在家裡就可能會忘了要拍照記錄。不過照相館拍出來的照片跟在家自然拍下的照片，感覺完全不一樣，所以就算只是在家的日常生活時間，也要盡量多拍寶寶各種不同表情的照片。不只拍下寶寶笑的樣子，連哭的、被嚇到的各種表情也都拍下來的話，以後拿出來回味時，寶寶這時期的模樣就能生動地浮現眼前。

還有不管做什麼，寶寶的第一次最好都用影像的方式記錄下來，像是：第一次翻身、第一次拿掉包巾、或第一次吃副食品等等，都可以拍成影片。不用特別去演或是一定要刻意弄出很厲害的感覺，只要自然地拍下現場原有的樣子就行了。可以用三角架再加上廣角鏡頭，拍下的內容等以後再看都會是美好回憶。

爸比、媽咪們可以用像時光小屋之類的 APP 上傳照片和影片，一來方便管理、不需要花太多時間，二來以後還可以製作成相冊或書本，非常方便。

❶ 拍下寶寶各種表情
❷ 用影像記錄寶寶的第一次
❸ 用廣角鏡頭拍攝
❹ 善用日記類 APP
❺ 製作成書本或相冊

Q32 去照相館照相時，事先該知道些什麼？

為了留下寶寶可愛的模樣，很多人會先預約拍生產前的懷孕寫真、還有寶寶滿周歲的成長相冊寫真。周歲的成長相冊可以從懷孕寫真、新生兒寫真、滿 50 天、滿 100 天、滿 200 天和周歲寫真中挑出自己想要的時期，不過有些照相館的合約內容上會提到，不會給原始檔或修圖檔，媽咪們要先確認清楚。一般來說，如果簽的是成長相冊合約，照相館會給你照片的原始檔案；不過如果是免費拍的懷孕寫真或新生兒寫真，就得要另外付費購買照片檔案。

約好日期去照相館拍照時，常常會遇到寶寶狀況不受控制、結果必須重拍好幾次的情形。如果想拍出好照片，就要讓寶寶維持良好狀態，像是：拍照前要讓寶寶好好吃、也要好好哄他，這樣拍起照來氣氛才會好。大多數照相館都會附設照相用的小道具，爸媽不用自己另外準備，但可以帶幾個寶寶特別喜歡的東西過去，例如：吸引寶寶注意的搖鈴、能發出聲音的玩具、會發光的小東西等等。除此之外，如果有特別想讓寶寶穿的衣服、髮飾，以及尿布、哺乳用品、多的衣服、紗布巾等，也請自行另外準備好，才不會到時候手忙腳亂、覺得可惜。

一般來說，滿 50 天、滿 100 天的拍照都會比實際日期還要晚一些。這個時期的寶寶不像周歲那樣會一直動來動去，只要維持好寶寶的狀態就能美美地拍照，不會很累人，我覺得這個時期拍照滿好的。

滿周歲時，拍起照來常常被打斷，所以拍照會變得很累人。而且寶寶可能會因為怕生而大哭或不想拍照，建議最好能先準備一些安撫寶寶情緒的點心或玩具。

1. 拍照前就調整好寶寶的狀況
2. 要考量餵奶時間和睡眠時間來預約拍照
3. 準備寶寶喜歡的玩具和點心
4. 另外準備想讓寶寶穿的衣服

Q33 小孩的滿月酒，我想辦得簡單又精緻

一般來說，幫寶椅、餐椅、坐墊這些東西，在寶寶滿 4 個月、能支撐脖子之後就可以使用了。不過如果想用在宴席上，還是用能支撐脖子的幫寶椅比較好。要是孩子坐在幫寶椅上也還是不舒服，讓他坐提籃型的嬰兒汽車座椅或嬰兒搖籃椅也滿不錯的。

剛生下寶寶的媽咪用一個月的時間好好休息、坐月子之後，就會為了慶祝新生命的加入而辦滿月酒。除了傳統的滿月酒之外，現在也有父母喜歡等到小孩滿 100 天之後，幫他辦百日宴，一來媽媽可以更完整的調理、恢復，二來寶寶也稍微長大一點，健康狀況、抵抗力等等也會比較穩定，可以讓大家看看寶寶。

以前在寶寶滿月時會把象徵多子多孫的紅蛋分送親朋好友，另外生男生會送油飯、生女生則會送蛋糕；不過現代人生活習慣和型態改變，為了方便，很多人不論生男生女都改送彌月蛋糕，比較能符合大眾的口味。但其實無論送什麼，都是為了慶祝新生命的誕生。

有些人會選擇訂餐廳邀請認識的人一起慶祝，滿多長輩們會覺得這種方式比較正式，而且不用自己花時間準備東、準備西，也省去收拾、整理的麻煩。不過近年來，越來越多人喜歡精緻小巧的慶祝方式，只邀一些家人朋友來家裡，開心沒有負擔地聚一聚、一起吃個飯慶祝一下就好，同時也接受親人溫馨的祝福。

如果是在家裡，會用到的東西大致可以分成三類：放大蛋糕和食物的盤子、食物、和布置的裝飾品。盤子或其他小東西可以在派對用品網站或雜貨鋪等地方買到；食物的話可以準備好吃的蛋糕、簡單的餐點或點心等等。比起整個場地看起來漂亮，更重要的是要配合寶寶的狀況，才不會搞得很累人。就算辦得簡單，也讓這天都成為家人和寶寶皆大歡喜的日子吧！

自辦滿月酒加分小物

細心布置的自辦滿月宴，想要不走超華麗路線也能拍出漂亮照片嗎？那就要好好利用各種加分的周邊小物。在家裡裝飾這些小東西，就能大幅提升宴席存在感，一起看看吧！

	**派對拉花** 定好派對風格之後，就可以選擇適合的顏色和款式了。裝飾的時候，加上搭配派對拉花的珠光氣球，就會很好看。
	**橫布條** 網路上搜尋「客製布條」的關鍵字，就可以把寶寶的名字和照片印上去。馬卡龍色調很適合當成拍照背景，記得製作布條的同時，也要一併準備桌布。
	**裝飾小插旗** 善用各式各樣的裝飾小插旗，平凡無奇的食物都會瞬間升級。上面有寶寶照片或字樣的裝飾小插旗都很適合。
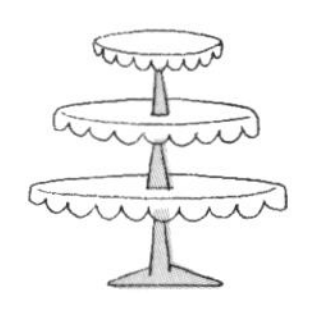	**蛋糕架** 上網查詢「蛋糕托盤」，就會出現各種材質和尺寸的產品。只要準備一個，每年都可以用。另外如果用三層蛋糕架，簡單的食物看起來也會很華麗。
	**食物** 可以先訂好滿月酒的蛋糕和餐點。水果可以用玻璃杯或透明塑膠杯裝，視覺效果很棒。

我準備了一個上面印有寶寶名字的派對拉花，之後每次生日派對都可以拿出來用。

如果媽媽身體很疲憊，也不用親自準備。不只是一些道具或布置，連食物也可以用訂購的請人處理，這樣會比較輕鬆。

餵奶原來這麼辛苦？擺脫餵母乳精神崩潰

為什麼沒有人告訴我，原來餵奶這麼辛苦？我以為只要有奶讓寶寶吸就好，沒想到根本不是這麼簡單。但是，只要掌握幾個訣竅，餵奶就會比想像中容易許多。告訴你輕鬆哺乳小祕訣，也幫你解決餵奶時遇到的問題！哺乳大小事，統統彙整起來一次告訴你。

如果讓我
再餵一次母乳？

早知道就不要那麼快放棄

月嫂來的時候，我剛好得了乳腺炎。我媽看我痛成這樣，就一直勸我說寶寶喝奶粉也可以很健康，叫我餵奶粉就好，結果我就不爭氣地讓寶寶喝奶粉了。其實餵奶粉的確方便很多，但是過了幾個月我就開始後悔，覺得當初應該再努力一下！大家都知道母乳的好處很多，而且有些親子交流只有哺乳時才能享受到，我那時候好像太快就放棄了。雖然剛開始一、二個月，寶寶還不太會吸奶、媽媽也很累，要餵母乳真的很辛苦，但是只要再多撐一下，之後媽媽和寶寶都會更輕鬆的。就算現在哺乳讓你又累又煩，但親愛的媽咪們，再加油一下！你可以的。

不管是餵母乳還是奶粉，都不要覺得自責

其實不管是餵母乳還是餵奶粉，只要選擇了其中一條路，媽媽們都會覺得當初沒有選擇另一條路很可惜。很多全母乳的媽咪看到自己寶寶體重一直沒辦法往上增加的時候，就會開始煩惱說：「我是不是對餵母乳太執著了？是不是給寶寶喝奶粉比較好？」然後如果是餵奶粉的話，好處是媽咪們會有多一點的自由時間，但不知道為什麼心裡總是會有些遺憾跟罪惡感。說實在的，不論哪種情況，都不需要對自己的選擇感到後悔或自責，只要找出能讓媽咪和寶寶身心都健康的方法就行了，這才是最最重要的。

chapter 5

就算沒有奶水，也要努力讓寶寶吸

我剛開始沒什麼奶水，就沒有讓寶寶吸，直接餵奶粉。寶寶出生時體型很小，後來還有黃疸，所以寶寶一直吸不到奶水。這樣手忙腳亂一陣子之後，分泌初乳的時機就過了。雖然大家都會說寶寶沒喝到初乳也沒差，可是媽媽們心裡難免會有疙瘩。後來我才知道，就算沒有奶水也要繼續讓寶寶吸，或是用擠奶器幫忙擠奶，就能把那一點點奶水擠出來給寶寶喝，這樣對寶寶也會滿好的。乳汁分泌得再怎麼慢，生產 2 週後都還是會有初乳。所以即使一開始沒有奶水，也要讓寶寶吸、努力擠，哪怕只有一湯匙給寶寶喝也沒關係，媽咪們一起努力看看吧！

不要被月子中心的哺乳方式弄到昏頭

媽媽的想法是最重要的，不要被月子中心的哺乳方式弄到頭昏腦脹。有媽咪想餵全奶粉，但月子中心非常積極勸她餵母乳，結果就被響個不停的哺乳通知搞得很累；也有媽咪想餵全母乳，可是月子中心一直叫她補充配方奶，讓媽咪人累心也累。如果想餵全母乳，就跟月子中心說一定要通知你餵奶，也常讓寶寶吸奶；如果想多休息，改餵寶寶奶粉或是用擠奶器擠到奶瓶餵，就直接跟月子中心說吧！你可能會想：「我這樣要求，他們會不會隨便照顧我的寶寶？」不用擔心，月子中心都會按照媽媽希望的方式哺乳，所以當然要把你的需求清楚說出來。

前輩媽媽告訴你順利餵母乳的方法

前輩媽媽妙招

我是剖腹產，比較晚才開始餵母乳，也可能是因為這樣，所以寶寶開始出現乳頭混淆，後來我只好餵奶粉。現在想想，如果我那時候好好掌握寶寶肚子餓的訊號，就可以在母嬰同室的時候，多試著餵母乳了。

產後的最大課題就是餵母乳了，先學會正確的哺乳姿勢和方法，餵母乳就會輕鬆很多。

最重要的是哺乳的時間點，新生兒時期不用特別定出哺乳的時間點，而是要在寶寶肚子餓的每個當下餵奶。所以要好好觀察寶寶，如果看到他不斷伸舌頭，那就是他肚子餓的訊號，這時就要先準備好哺乳姿勢，當寶寶嘴巴張大就讓他開始吸。要是沒有即時發現肚子餓訊號，寶寶就會馬上開始哭，這時要讓他吸奶就會比較難。

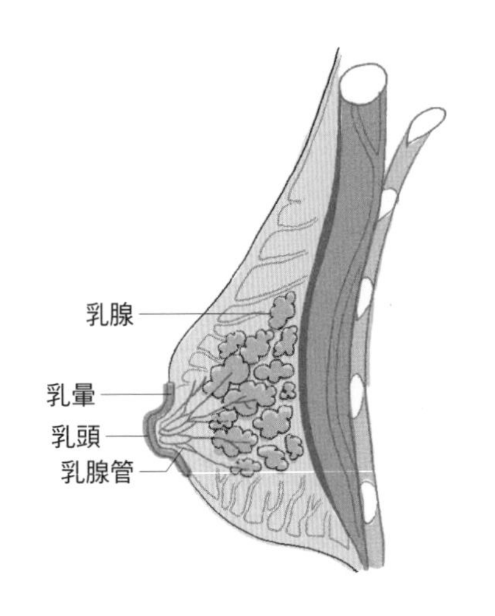

乳房構造

乳頭：乳頭上分布許多乳腺管的出乳孔，指前端小小的突起部位

乳暈：位於乳頭周圍，顏色與膚色稍有不同

乳腺：分泌乳汁的腺體

乳腺管：乳腺分泌出乳汁後流經的管腺

{準備哺乳位置}

在可以哺乳的椅子或沙發上放一個靠墊支撐背部，然後在伸手拿得到的地方放好哺乳需要用到的東西。把幾本書疊起來或是拿小凳子來墊腳，這樣就能舒服哺乳。

{正確的餵奶姿勢}

也可以用側躺或斜躺的姿勢哺乳，不過躺著哺乳時，要注意不能擋住寶寶的鼻子，然後就可以用舒服的姿勢哺乳了。

產後媽咪的會陰或手術部位會痛，要把自己的身體撐起來就很辛苦了，新手媽咪哺乳時還要找出正確姿勢，真的不是件容易的事。再加上寶寶還沒辦法好好支撐頭部、腰也沒什麼力氣，就算想按照婦產科或月子中心教的那樣喬好姿勢，也是心有餘而力不足。

哺乳姿勢不正確，可能會造成奶水量變少，還會讓媽媽出現乳房瘀血、乳頭龜裂等各種問題。為了能調整到正確也讓媽媽不會那麼累的哺乳姿勢，需要多多練習。媽媽可以舒服地坐著、找到能讓寶寶好好吸奶的姿勢，習慣之後，哺乳就會比較順利。

搖籃式

搖籃式

這是最多人使用的哺乳姿勢，媽媽把跟哺乳乳房同邊的手臂貼著媽媽身體，手肘則靠近寶寶頭部，用手臂撐住寶寶背和屁股。等寶寶把這側乳房的奶水吸光、完全餵完一邊的奶之後，再讓寶寶身體轉向另一邊，把另一邊的奶水也吸完。

交叉搖籃式

交叉搖籃式

這個姿勢中，支撐寶寶的手臂跟媽媽哺乳乳房不同邊，手掌撐著寶寶的上背，用拇指和食指輕輕托著寶寶兩邊的耳根，讓寶寶身體可以跟媽媽緊貼在一起。

橄欖球式

橄欖球式（夾在腋下）

一種把寶寶夾在腋下哺乳的姿勢。讓寶寶的頭跟媽媽乳房差不多高，可以墊哺乳枕，用哺乳乳房那側的前手臂托住寶寶上背；然後媽媽把虎口張開，撐著寶寶的脖子和頭並托高。將某一邊的奶完全餵完之後，再繼續用同樣姿勢把寶寶挪到另一邊，將另一邊乳房的奶水也喝完。

Doctor's Advice

要讓寶寶嘴巴張大吸奶，想像一下吃漢堡時張大嘴巴的樣子。寶寶含住乳頭後，媽媽要用手托住乳房，不要讓寶寶下顎承受乳房的重量，然後壓著乳房放進寶寶嘴巴裡，讓乳汁能順利流出來。

{讓寶寶張嘴含乳房的技巧}

如果想讓寶寶把乳頭含得很深，就用自己舒服的姿勢，一手抱著寶寶、把乳頭湊近寶寶嘴邊。當寶寶嘴巴張大的瞬間，把乳頭放進寶寶嘴巴裡，碰到後面比較柔軟的部位（軟顎），讓寶寶深深含住乳房。之後等寶寶做出吸吮反射動作。

❶ 媽咪把乳頭湊近寶寶鼻子前，移動乳頭刺激寶寶的嘴巴。

❷ 寶寶開始張開嘴巴時，讓寶寶的下嘴唇碰到乳暈下緣。

❸ 用拇指推擠乳頭，同時先把乳暈部位放進寶寶嘴裡。

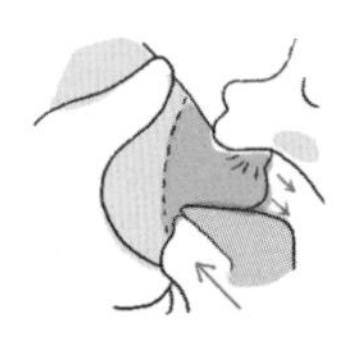

❹ 把乳頭推進寶寶上牙床內側，然後把寶寶往前抱近一點。

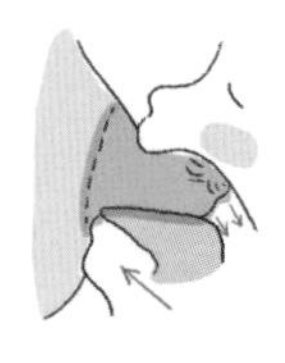

❺ 把乳頭深深放入嘴巴到懸壅垂前，這時手就能挪開。

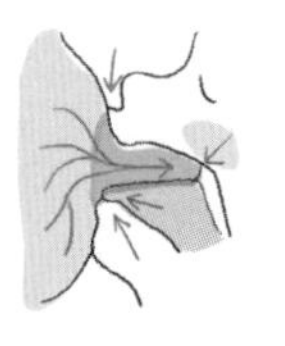

❻ 讓寶寶打開下嘴唇、不壓到鼻子，深吸到看不見乳暈，就能順利哺乳。

連乳暈的部分都要深深放進寶寶嘴巴裡面，這時可能會有點痛，不過還是要盡可能讓寶寶含深一點，適應之後就會慢慢變得比較舒服。

餵寶寶喝奶之前先擠一下乳房，找出乳汁量最多的出乳孔。找到之後，讓寶寶含深一點，這樣就能吸更多奶。要是出乳孔在寶寶嘴裡被堵住、或是輸乳管被擠壓到，寶寶可能會沒辦法順利喝到奶。

{哺乳時間}

讓寶寶吸奶的時候，要從與最後一次哺乳乳房相反的那邊開始餵。哺乳 10 ～ 15 分鐘後，就要換餵另一邊的乳房。要讓寶寶喝到前奶和後奶，所以必須讓寶寶喝完剩下的乳汁。哺乳時間最好在 30 分鐘內，餵完要讓寶寶打嗝。等乳汁全都吸完後，可以輕輕把手指放在寶寶嘴唇上，自然地把乳房抽出來，如果不小心可能會受傷。

前輩媽媽告訴你餵母乳和餵奶粉的優缺點

會放棄哺乳的原因主要有三個，一個就是母乳量不足，再來就是有嚴重的乳腺炎，另外一個就是寶寶沒辦法好好吸出奶水。尤其是乳腺炎，嚴重的話真的會讓媽媽痛到沒辦法繼續哺乳。去找人做乳房按摩，光一兩次費用也相當驚人，沒辦法一直做；而且這段時間看著寶寶肚子餓的樣子，媽媽又會很心疼，哺乳不順利的媽咪們，想必都會對這件事非常煩惱。不過，其實到底要餵母乳、餵奶粉，還是要混合餵奶，最後決定權還是在媽媽手上，媽咪們視自己的情況作決定就可以了。近年來也有滿多媽媽擔心胸部變形而選擇餵奶粉的，各位媽咪別給自己壓力，參考下列的優缺點來選擇適合自己的哺乳方式吧！

Doctor's Advice

其實寶寶不會因為餵奶粉就出現免疫力方面的問題。奶粉比母乳更容易讓寶寶有飽足感，可以睡得更久、更熟，所以如果寶寶體質敏感、晚上睡不安穩的話，建議可以混合餵奶。

	餵母乳	餵奶粉
優點	・營養素完整 ・幫助提升免疫力 ・好消化吸收 ・衛生 ・馬上就能餵 ・有助於媽媽減肥 ・有助於讓寶寶依附媽媽 ・節省奶粉錢 ・外出時可減少行李	・營養能調配均衡 ・媽媽沒有食物攝取的限制 ・寶寶有飽足感而能睡得更久、更熟 ・可以交給別人育兒 ・可以拉長外出時間 ・可以選擇不同類型的奶粉給寶寶喝 ・乳房形狀不會有太大改變
缺點	・可能因為乳房問題而辛苦 ・消化吸收快，要常常餵奶 ・媽媽需要注意食物攝取 ・沒有哺乳室的地方就不方便前往 ・乳房形狀會大幅改變	・餵奶用品消毒步驟很麻煩 ・外出時要帶的東西很多 ・要先準備好奶粉 ・泡奶粉時間比較久，要先哄寶寶 ・奶粉錢開銷大 ・增加奶瓶等用品的費用

Doctor's Advice

餵母乳的寶寶能提升免疫力，相關研究結果顯示，餵母乳能減少腸胃、濕疹、心臟方面的疾病，還有過敏、癌症、肥胖等症狀。

媽媽餵母乳時，罹患乳癌和子宮頸癌的機率比較小，還能促進產後子宮收縮、幫助消耗熱量，讓減肥更有成效。

前輩媽媽告訴你順利餵奶粉的方法

餵奶粉和餵母乳最大的差別，在於寶寶肚子餓時可以馬上餵母乳，但如果是餵奶粉，就還得等泡奶的時間。寶寶肚子餓會開始哭，媽媽卻只能先放著哭鬧的寶寶不管，還要燒水、等水放涼再泡奶粉，根本忙不過來，會建議可以先把水燒開之後放涼做準備。如果用滾燙的水沖泡，會破壞奶粉中的營養素，所以要先把水放涼到 70 ～ 80 度再泡奶粉，然後等涼到 38 ～ 40 度再給寶寶喝。

可以先把水燒開到 100 度之後放涼，裝在保溫壺裡，或者是把熱水跟放涼的水混成溫水，再用溫水沖泡奶粉，這樣比較方便。

調整奶粉沖泡濃度

奶粉濃度是以母乳濃度為準，不過每種產品成分不同，泡奶粉的濃度也會不太一樣，建議按照奶粉罐上的說明來泡奶。有些奶粉是用水當標準，有些則是以泡完之後的奶量當標準。如果是後者，就先在奶瓶裡放入適當水量並加入奶粉，之後再把水加到建議量。

以奶粉量為基準	
❶ 水 200ml ＋奶粉 5 匙＝ 200ml+α	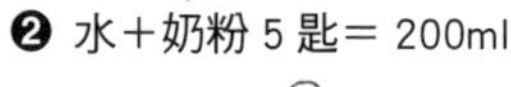 ❷ 水＋奶粉 5 匙＝ 200ml
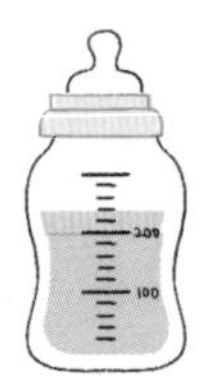	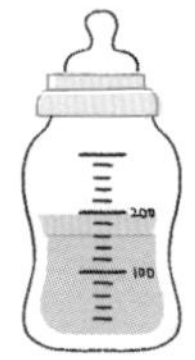

手腕內側雖然對溫度比較敏感，但也不一定正確，所以我還是會用溫度貼紙來量。溫度調整好，貼紙就會變色，用起來很方便。另外，把額溫槍貼近奶瓶也可以確認溫度。

調整餵奶溫度

適合的餵奶溫度是 38 ～ 40 度，媽媽可以滴一兩滴在手腕內側試試看，感覺微溫就是最適合給寶寶喝的溫度。如果覺得有點燙，可以把奶瓶泡在冷水中稍微放涼再餵寶寶喝；要是覺得太涼，則可以把奶瓶放進熱水調整溫度。寶寶喝到太涼的奶水體溫就會降低，所以需要先把餵奶溫度調整好。

攪拌奶粉

把奶粉加進水裡攪拌時，如果上下搖晃奶瓶就會出現泡沫，一不小心可能讓寶寶肚子裡充滿氣體，造成腹痛。所以奶瓶要斜斜地拿，然後雙手握住奶瓶下端、轉動畫圈讓奶粉溶解，或用工具攪拌。

餵奶姿勢與時間

餵奶粉時，要跟餵母乳一樣，抱著寶寶緊貼自己的身體。媽媽要跟寶寶眼神對視，讓寶寶聽見媽咪的心跳聲，這樣寶寶就會有安全感。另外餵寶寶喝奶時，要讓他的上半身稍微斜斜地立起來。讓寶寶完全躺平喝奶，容易導致吐奶，而嘔吐時可能會讓奶卡住氣管，造成危險。新生兒時期不管是餵母乳或奶粉，寶寶肚子一餓就要餵，一般 3 ～ 4 小時餵一次即可。如果寶寶在睡覺，而且超過 5 小時都沒有喝到奶，就必須弄醒寶寶，讓他起來喝奶。

沖泡方法

❶ 準備好燒開並放涼到 70 ～ 80 度的水、奶粉和奶瓶。	❷ 把水加到奶瓶約 1/3 的高度。	❸ 裝滿一匙奶粉，把上面弄平調整分量。
❹ 讓奶瓶傾斜，轉動奶瓶讓奶粉溶解。	❺ 調整好奶粉分量，再把剩的水也倒進奶瓶裡。	❻ 確認放涼到 38 ～ 40 度時，就可以讓寶寶喝了。

喝剩的奶水要馬上倒掉。因為奶粉裡含有很多營養，很快就會滋生細菌。

Doctor's Advice

給寶寶喝奶粉時，如果喝進空氣可能會引起嘔吐或腹痛，需要特別注意。餵的時候奶瓶要放斜、讓奶水充滿奶嘴頭，這樣寶寶才不會喝下空氣。

奶嘴頭上如果有仿真乳頭奶嘴那樣的氣孔，就要讓氣孔朝上來餵，才不會有空氣。如果是一般的奶嘴，則要把奶瓶倒過來，稍微壓一下奶瓶，讓奶水像水柱一樣擠出來再餵，就可以排出空氣、減少寶寶腹痛。

前輩媽媽強力推薦！餵母乳 5 項產品

就算是餵母乳，也還是會遇到大大小小的困難。可以先仔細看清楚下列產品的功能，需要時即可選購。這些產品主要根據媽媽的需求添購就行了，不用事先購買。

乳頭保護霜
這種乳霜能舒緩哺乳產生的傷口。建議在沒有哺乳時塗抹，不過在哺乳前塗了、被寶寶吃下去也沒關係。另外，用來擦尿布疹也很有效。

如果塗太多 CaboCreme 卷心舒緩霜，母乳量可能會突然減少，建議適量塗抹就好。

CaboCreme 卷心舒緩霜
一款用大白菜成分製成的乳霜。因為乳腺炎而出現乳頭發熱、不舒服時，可以塗這款乳霜。斷奶時如果想減少母乳量，擦這個也會很有幫助。

擠乳器
擠乳器是上班族媽媽們必備的用品，對母乳量很大的媽咪也非常好用。可以把母乳擠出來放進母乳袋冰起來，之後再給寶寶喝。

穿哺乳內衣用擠乳器的話，手不用碰到也能擠奶。覺得擠奶時間很長、很辛苦時，這麼做會滿方便的。

防溢乳墊片
外出時可能長時間無法餵奶，在內衣裡面貼上這個墊片，就可以吸收流出來的乳汁。它可以緊貼內衣，而且材質不會刺激皮膚，不會有不適感。

哺乳圍裙
當沒有哺乳室、有客人拜訪、搭列車或搭飛機時，都可以使用這個產品。優點是可以看著寶寶哺乳。推薦棉質材料、沒有鈕扣或夾子，只要掛在脖子上就能使用的款式，用起來最方便。

前輩媽媽強力推薦！餵奶粉 5 項產品

餵奶粉的三大麻煩，就是洗奶瓶、消毒，還有調整泡奶的水溫。以下介紹的產品不是一定要準備，不過如果有的話就會相當方便。

奶瓶消毒鍋

除了奶瓶之外，也能消毒手搖鈴、固齒器等東西，相當好用。寶寶開始吃副食品之後，還可以拿來消毒副食品的用具，可以使用很長一段時間。

我外出時會把適量的奶粉裝到奶粉盒裡帶出門，相當方便。之後還可以拿來當成零食盒。

泡奶熱水壺

寶寶都已經餓到開始哭了，還要燒水再放涼、調整水溫，這樣耗費時間令人好心急！泡奶熱水壺可以讓水溫維持在適合的溫度，泡奶時相當方便。

我用過泡奶熱水壺，可是因為要一直讓它開著，用電量很兇。有些泡奶熱水壺說最低可以保溫在 65 度，但其實只能維持在 40 ～ 45 度，這些細節都要確認過再選購比較好。

保溫壺

這個產品可以取代泡奶熱水壺，也滿好用的。不需插電也可以維持水溫 24 小時，是一款簡便好用的產品。

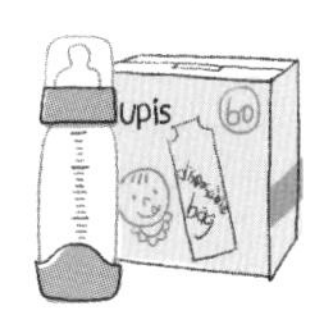

拋棄式奶瓶、奶瓶內袋、奶粉袋

如果用拋棄式的奶瓶，長時間外出時就不用帶好幾個奶瓶了。而且還可以把奶粉裝在拋棄式奶粉袋裡，外出時包包就會輕便很多。

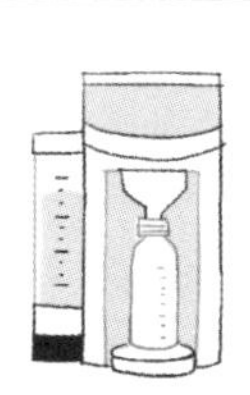

自動泡奶機

這個機器會自動把奶粉和水溫都調整好再沖泡奶粉，媽媽們都說這台泡奶機簡直是令人大開眼界。連燒水的時間都省了，強力推薦給生雙胞胎或準備連續生兩胎的媽咪。

自動泡奶機以 Baby Brezza 產品最有名，我是找人幫忙從美國帶回來的。要先注意電壓需不需要變壓器再使用。

Q1 第一次哺乳，奶水卻出不來！我該怎麼辦？

近年來婦產科或婦產專門醫院大多都會在產後提供協助，讓寶寶能順利吸出母乳，可以事先確認有沒有這類服務。

用手擠奶時，如果覺得很痛，可能是姿勢不正確造成的，建議調整到媽媽舒服的姿勢再重新找正確的擠奶位置。

聽說產後 30 分鐘內要一直擠壓乳房，這樣哺乳才會成功。不過常有媽媽感覺自己好像沒有乳汁，難道一定要硬擠嗎？雖然媽媽會覺得乳房裡好像沒有乳汁，但擠壓時，還是會流出少量的初乳，為了讓乳汁順利分泌，建議從產後第 1 天起就要常讓寶寶吸奶。流出來的乳汁看起來沒幾滴，卻是非常濃醇的高熱量營養劑喔！

出生後的 24 小時內，寶寶一次所需的奶水量為 5 ～ 7ml，頂多只有 1.5 茶匙而已。因為母乳一次流出的量很少，所以出生後 24 小時內最少需要餵 8 ～ 12 次，才能滿足寶寶一天該吃的量。媽媽在產後 1 ～ 2 天內會開始分泌初乳，到第 3 天後，就可以一次有 30ml 左右的母乳給寶寶吃，從第 5 天開始，一天就大約可以有 500 ～ 700ml（50 ～ 70ml / 一次）的母乳量。

如果寶寶不太會吸奶，也可以先把母乳擠出來、用湯匙餵寶寶。擠奶時可以用手擠，先用雙手托著乳房揉捏，從乳頭頂端開始輕輕往後按摩，再把手擺成 C 字型擠出母乳。擠到沒有乳汁流出時，再擠擠看乳房的其他地方，然後換擠另一邊乳房。要一直換邊擠壓，擠到完全沒有乳汁流出為止。

用手擠奶的方法

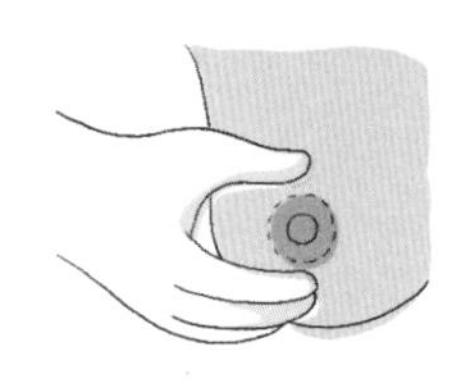
以 C 字型捏著乳房

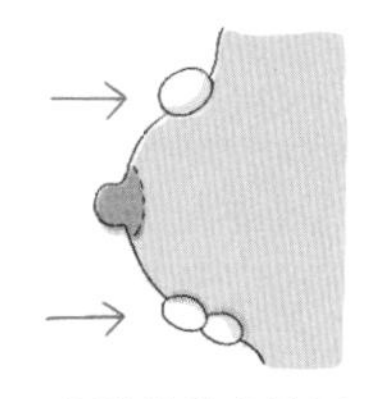
捏住後往內按壓

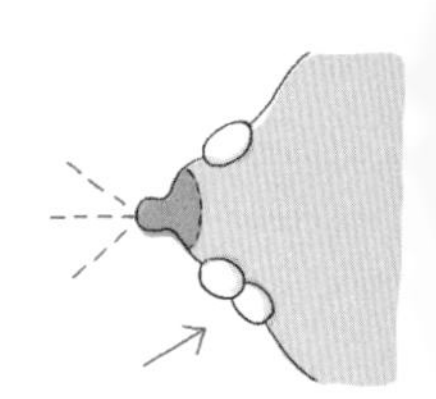
擠出乳汁

Q2 每次哺乳通知響的時候寶寶都在睡，該怎麼辦？

產後幾天，連續被哺乳這件事折騰得要命。一接到哺乳通知就跑去育嬰室，結果寶寶不是在哭就是在睡。雖然還是勉強試著讓寶寶吸奶，但他只吸個幾口就不吸了，又再次呼呼大睡。哺乳失敗回到病房之後，想說再稍微躺著休息一下，然後哺乳通知又開始響。這種狀況一直不斷出現，光是用想的就覺得累人！

這樣的狀況表示還沒有抓到哺乳的時間點。其實寶寶會階段性發出好幾次肚子餓的訊號，他會一直伸舌頭、咂嘴，頭也會轉來轉去想用嘴巴找乳頭。寶寶發出這種肚子餓的訊息時就應該馬上讓他吸奶，當寶寶把嘴巴張大的時候，他就能好好吸奶了。

等寶寶開始哭，就已經錯過了喝奶的時間點。寶寶發出訊號後卻找不到奶可以喝，就會哼哼哎哎、覺得不耐煩，如果還是沒喝到奶，他就會開始大哭。等哭到最後沒力氣，就會太累而睡著。

選擇母嬰同室，就能清楚掌握哺乳的時間點，餵母乳的成功率也會比較高。如果是把新生兒交給醫院，在到哺乳時間之前也可以先把寶寶帶來確認一下有沒有發出訊號，然後配合時間點哺乳，這也是一個好方法。

前輩媽媽妙招

新生兒時期，寶寶吸奶都只吸一點點，然後馬上就會筋疲力盡、開始呼呼大睡。其實大家都是這樣，不用太擔心。過一段時間之後寶寶吸奶的時間就會慢慢變長了。

前輩媽媽妙招

雖然我選擇母嬰同室，但我身體太累了，後來還是把寶寶交給育嬰室。結果育嬰室跟我的病房離超遠，每次到了哺乳的時間我都趕不太上。這樣來來回回跑也很累人，所以我有點後悔，早知道就還是讓寶寶跟我同房就好了。

1. 先瞭解寶寶肚子餓的訊號，在他開始哭之前餵奶
   訊號：伸舌頭→咂嘴巴→頭轉來轉去找乳頭→發出哼哼哎哎的聲音→開始不耐煩→開始哭
2. 當寶寶張大嘴巴時，就要讓他深深含住乳頭

Q3 哺乳時間間隔一定要算很準？不能等他想喝再餵嗎？

有很多種 APP 可以提醒哺乳時間間隔，我用的是「育兒記錄」APP。這個 APP 會自動提醒我兩側乳房分別的哺乳時間間隔，真的幫了我很多忙。

哺乳的時間間隔和餵奶量，可能會依照每個寶寶的狀況有所不同，不一定要遵守哪一種特定的時間間隔。另外，餵奶粉的哺乳時間間隔，可能會比餵母乳的間隔還要長。

產後 3～4 天，寶寶一天要喝的奶粉總量不能超過 1000ml，一次最多的餵奶量最好在 240ml。喝進去的奶粉量開始變多時，就可以慢慢開始讓寶寶吃副食品了。

有些書上寫說一定要遵守哺乳時間的間隔，也有書說依附感很重要，所以當寶寶想喝奶就要餵。到底該怎麼做才對呢？正確答案是：出生後 30 天內，寶寶想喝奶時就要餵，30 天之後就要配合哺乳時間間隔。

出生後 30 天內，寶寶肚子餓就會有壓力，而且沒有能量來源，以健康的角度來看，等於是營養不足，所以需要時常餵奶。另外，這時期媽媽的體內會分泌有助於泌乳的荷爾蒙，所以一天餵奶 8～12 次以上，對媽媽也是件好事。

出生滿 1 個月後，哺乳時間的間隔自然會拉長。如果出生滿 1 個月還是讓寶寶想喝就喝，寶寶一次喝的奶量會變少、肚子也會變小，會讓整體喝進去的奶量減少，此外也會很難進行睡眠訓練。所以出生滿 1 個月之後，會建議調整出一個哺乳的時間間隔。一般來說，寶寶滿 100 天以前，哺乳間隔大約是 3 小時，100 天之後則是 4 小時，可以以此為準慢慢拉長哺乳的間隔時間。

按照出生足月程度區分的奶粉量及次數

足月程度	一次的奶粉量（cc/ml）	餵奶時間間隔	一天餵奶次數
新生兒	60～90	2～4 小時	7～10 次
出生滿 1～2 個月	120～160	4～5 小時	5～6 次
出生滿 2～3 個月	160	4～5 小時	5～6 次
出生滿 3～4 個月	120～200	5 小時	5 次（總量 900ml）
出生滿 4～5 個月	180～200	5 小時	5 次
出生滿 5～6 個月	200～240	6 小時	4～5 次

Q4 寶寶含著奶頭就睡著了，要叫醒他繼續餵嗎？

對新生兒來說，吸奶其實是一件很費力的事，尤其是要從媽咪的乳房把奶吸出來更是如此，所以常常會看到寶寶喝奶喝到一半就睡著了。雖然會覺得寶寶很可憐、想讓他休息一下，但如果想把營養價值高的母乳餵給寶寶，就算要把寶寶叫醒，也最好把奶餵完。

產後 5 ～ 7 天，媽媽會開始分泌有高免疫力的黃色初乳，之後就會分泌富含碳水化合物和脂肪的過渡奶。產後 1 ～ 2 週，就會開始分泌脂肪量比過渡奶更高的白色成熟乳。

媽媽在產後 1 ～ 2 週就會開始分泌成熟乳，所謂的成熟乳又分成前奶和後奶。剛開始的 5 分鐘會分泌含有許多水分的前奶，等過了 5 分鐘之後就會開始分泌富含脂肪和蛋白質的後奶，所以也有老人家會把前奶叫做水奶。如果寶寶兩邊奶喝的時間都很短，而且喝得很急，很可能會都完全沒有喝到後奶、只喝到前奶。要是一直都只喝到前奶，一個不小心就會讓寶寶拉出很稀的便便。

母乳量豐沛的話，會建議讓寶寶把一邊的乳房多吸幾次，直到吸完再換另一邊。這樣寶寶才能喝到後奶。如果有一邊乳房漲奶，身體就會把母乳量太多的訊號傳給腦部，並自動調整奶量。

想讓寶寶充分喝到前奶和後奶，哺乳時兩邊乳房一次都要餵 10 ～ 15 分鐘。出生超過 1 個月的寶寶不用太常哺乳，時間間隔最好維持在 2 ～ 3 小時，而且要讓寶寶吸到最後，確保有吸到較有飽足感的後乳，才能均衡攝取養分，這樣也才能好好維持哺乳的時間間隔。

寶寶奶吸一吸就睡著的話，媽媽們千萬別因為心疼就放任寶寶睡。可以輕輕按壓他的手掌和腳掌，或輕摸他耳朵把他叫醒。如果這樣還是叫不醒，可以拿泡過溫水的紗布巾輕輕幫寶寶擦臉。

新生兒超過 3 ～ 4 小時都還沒有找奶喝、還一直睡的話，就需要把他弄醒喝奶。如果寶寶平常都有好好喝奶，偶爾一次錯過哺乳時間也沒關係；但要是寶寶平常就都不太喝奶，而且體重有下降趨勢的話，就必須確寶遵守哺乳時間的間隔，應該每 3 小時就餵一次奶。

Q5 一定要讓寶寶打嗝嗎？

我讓寶寶打嗝時，他動不動就會吐奶，所以在讓他打嗝之前，我會先拿紗布巾墊在寶寶嘴巴附近。一來比較衛生，二來也不會讓媽媽的衣服沾到寶寶吐出來的奶。

餵完母乳後其實不太需要刻意弄醒睡著的寶寶讓他打嗝。為了不對寶寶的胃造成負擔，一開始母乳會分泌很多，但之後就會間歇性地少量分泌，所以喝母乳的寶寶不太會打嗝。

除了喝奶之外，另一個讓寶寶很累的應該就是打嗝了。當然餵奶後立刻讓寶寶打嗝是最好的，但如果已經抱著寶寶30分鐘，他都一直睡覺不打嗝，這時候到底是要讓他躺著繼續安穩地睡，還是要把他弄醒、繼續拍到他打嗝呢？真的很令媽媽們困擾。

寶寶喝完母乳或奶粉，也會一起把空氣吃下去，如果一吃飽就躺下，可能會因為擠壓到胃部，而把吃下的東西統統吐出來。而且寶寶吐的時候，吐出來的東西可能會堵塞氣管導致窒息、造成危險，所以喝完奶之後要讓寶寶打嗝，把空氣打出來。

餵奶後，媽媽要把寶寶直立抱起來，一手托著寶寶的屁股，另一手從寶寶背部往下輕撫，輕輕拍到讓他打嗝。就算寶寶一喝完奶就已經有打嗝，也還是要繼續斜抱20分鐘左右。如果過了20分鐘，寶寶還是都沒有打嗝的話，就可以讓寶寶斜躺，或將他的頭轉向側面趴著，然後在一旁觀察。

抱著寶寶並輕拍他的背

讓寶寶坐著輕拍他的背

讓寶寶趴著一邊拍打幫助打嗝

❶ 輕撫或輕拍寶寶的背
❷ 餵奶後超過 20 分鐘還沒打嗝，就讓寶寶趴著

Q6 怎麼知道母乳的量夠不夠？

餵母乳的媽媽常常擔心自己的母乳量不夠，造成寶寶營養攝取不足。寶寶喝下去的奶粉量還能用眼睛確認，但寶寶到底喝進去多少母乳卻完全無法知道。該怎麼做才能知道寶寶喝到的母乳夠不夠呢？

研究報告指出，寶寶吸奶時間間隔很長，表示奶水分泌充足；相反地，如果寶寶吸奶的時間間隔很短，表示媽媽的奶水量不夠。為了讓奶水能擁有最多的營養，建議一邊乳房必須餵 10 分鐘以上，而且兩邊乳房要交替讓寶寶吸。

確認寶寶體重

最好的方法就是幫寶寶量體重。大部分的新生兒，在出生後第 2 ～ 4 天內體重會減少，從第 4 ～ 5 天開始，一天就會增加約 15 ～ 30 克；等過了 10 ～ 14 天，就會超過出生時的體重。出生超過 4 天體重卻一直減輕，或過了 2 週都沒有恢復出生時的體重，就表示寶寶沒有好好喝到母乳，要找出原因或開始混合餵奶。

確認哺乳時間間隔

出生後 3 個月內的寶寶如果哺乳時間間隔超過 3 小時，也就是寶寶肚子餓的訊號過 3 小時才出現，表示寶寶喝奶的量相當充足。如果還是想確認寶寶有沒有好好喝到奶，可以觀察一邊乳房有沒有餵超過 10 分鐘，或是確認寶寶喝奶時有沒有奶水流動的感覺，以及有沒有奶水流過寶寶喉嚨的聲音。寶寶在喝奶時，要看他兩頰有沒有吸進去，或是有沒有嘖嘖、吒吒、吞嚥的聲音，這些狀況都沒有的話，就表示寶寶沒有好好吸到奶，這時要讓他把乳頭含更深一點。

如果每 4 小時有幫寶寶換尿尿的尿布超過一次，一天幫寶寶換大便尿布 1 ～ 2 次以上，就表示寶寶有好好喝到奶。

❶ 確認寶寶的體重有沒有增加，餵奶的時間間隔有沒有超過 3 小時
❷ 兩邊的乳房有沒有餵奶超過 10 分鐘，有沒有奶水流過寶寶喉嚨的聲音
❸ 確認寶寶有沒有把奶全部吸完並自己放開乳頭，如果沒有放開乳頭還想繼續吸，就要努力增加奶水量

Q7 怎麼樣才能讓母乳量變多？

我產後 2 週時的母乳量真的非常少，所以我混著奶粉一起餵奶。不過後來做了乳房按摩，母乳量就逐漸增加，親餵的時間也變長了，後來就可以做到餵全母乳。

前輩媽媽
妙招

我看過有媽媽照網路資訊自己亂按，結果反而造成乳腺阻塞、變得更痛苦。如果有出現餵奶狀況不佳，或其他異常的情形，會建議去看乳房外科或請專業按摩師幫忙會更理想。

讓寶寶喝母乳，越喝母乳量會越多，這句話是對的。母乳量一開始會比較少，是因為媽媽身體還在調整並準備適合的母乳分泌量。如果時常餵母乳，母乳量就會增加。

因為母乳比奶粉更容易消化、吸收，不管怎麼樣，餵母乳的寶寶就是會比較容易肚子餓，所以媽咪們不需要因為哺乳時間間隔短、寶寶餓得快，就擔心自己沒有幫寶寶好好餵奶。不過，如果還是覺得自己母乳量比較少，可以試試看以下幾種方法。

增加母乳量的方法

兩邊乳房的母乳都要喝完　媽媽在哺乳時，兩邊乳房都要讓寶寶吸到，直到寶寶把一邊乳房的奶水全部吸光，再換到另一邊。讓寶寶先吸比較沒有奶水的那側乳房，他為了喝到奶水就會用力吸吮，這樣有助於增加母乳量。

時常餵母乳　寶寶如果沒辦法充分吸到奶水，有可能是富含脂肪及蛋白質的後奶凝固，整個堵住了乳腺管，最簡單的解決方法就是讓寶寶直接把堵住的乳塊吸出來。所以寶寶出生未滿 3 個月時，媽媽就要將哺乳時間的間隔調整在 3 小時內，並常常讓寶寶吸奶，也可以在開始睡眠訓練之前進行夜間哺乳，這樣媽媽的奶量就會變多。

避免油膩食物　如果媽媽吃很多油膩食物，就可能讓乳腺管更容易被塞住。因此少攝取一些動物性脂肪，也可以有助於增加母乳量的分泌。

按摩　有些媽媽生第一胎時本來母乳量不夠，後來卻能餵到全母乳，聽他們分享會發現，他們都在剛開始有母乳時就趕快去按摩乳房、打通乳腺。可以參考《神奇有效的催乳按摩術》等書並自己按摩看看，或是找專業按摩師協助。漲奶時適度按摩乳房也對餵母乳很有幫助。

Q8 寶寶好像出現乳頭混淆，該怎麼辦？

寶寶在新生兒時期會同時若吸過媽媽的乳頭和奶嘴，因為這時的寶寶還在學習吸吮方法，沒辦法分辨這兩種的差異，可能導致寶寶不知如何吸媽媽乳頭等情況。寶寶就會一直只想吸比較好吸的奶瓶，或相反地只想吸媽媽的奶，這種狀況就叫做「乳頭混淆」。出現這種情形的時候，可以由媽媽決定是要全母乳、全奶粉，或是混合餵奶。

處理乳頭混淆的方法

如果想讓寶寶只吸母乳

出生滿 4 週前都不要讓寶寶吸奶瓶，可以用杯子或湯匙做額外的補充餵奶。如果寶寶已經出現乳頭混淆，可以用冰塊敷一下乳房，讓乳房變得稍微硬一點再哺乳，也可以把乳房一直貼著寶寶的臉，等寶寶一餓就立刻餵奶。另外的方法就是當寶寶吸奶瓶時，把奶瓶貼在媽媽乳房旁邊，等寶寶吸到一半就換成媽媽的奶讓他吸；也可以先用乳頭保護器罩在乳房上讓寶寶吸奶之後再慢慢移開，或是躺著讓寶寶吸奶。

如果想讓寶寶只吸奶瓶

想讓寶寶只吸奶瓶的話，可以用質感相似於媽媽乳頭的仿真乳頭奶嘴給只想吸媽媽奶的寶寶。有時可能會因為奶嘴孔洞太大或太小導致寶寶不想喝奶，可以多拿幾個奶嘴來更換，找出適合寶寶的奶嘴。

為了防止乳頭混淆，我買了 Moyuum 奶瓶、混合哺乳奶瓶、桶谷式直接授乳訓練用奶瓶、仿真乳頭奶嘴等。雖然價格都偏高，但也沒辦法，這些東西在我幫寶寶混合餵奶時有很大的幫助。

進行混合餵奶時，奶粉扮演著補充母乳的角色，但如果沖泡奶粉的奶量一次超過 40ml，奶粉也可能成為寶寶的主食。所以如果想讓寶寶只喝母乳，用奶瓶泡的奶量就必須限制在 40ml 內。漸漸減少奶粉量的同時，也要增加餵母乳的量。

Q9 寶寶打嗝打不停，該怎麼辦？

耳朵那邊有連結到橫膈膜的神經，可以讓寶寶趴著，用手指輕柔撫摸他兩邊的耳朵，這樣也能幫助他停止打嗝。

寶寶會時常打嗝，是因為神經系統和肌肉組織尚未成熟，在用肚子呼吸時會一併用到橫膈膜。寶寶打嗝時絕對不能採用大人的做法，像是突然嚇他，或去拍打他的腳掌。

當寶寶還在媽媽的肚子裡時，就已經開始會打嗝了，所以看到小孩打嗝的話，媽媽別緊張。但要是出生沒多久的新生兒一直打嗝打不停，就要注意寶寶有沒有被嚇到的狀況，或是因為沒吃好才會這樣一直打嗝。

打嗝是因為分隔胸腔和腹腔的橫膈膜肌突然收縮，而出現的一種反射動作，不需要太過擔心。只是如果寶寶打嗝狀況太嚴重時，可能會引發嘔吐、造成氣管阻塞，建議還是需要適時處理一下。

按照不同狀況讓打嗝停止的方法

餵奶量太多　寶寶喝完奶之後胃部會被撐大，連帶橫膈膜受到刺激就會開始打嗝。所以要確認是不是奶餵太多，如果是就要做調整。如果餵奶量不大，或是已經餵奶一段時間了，寶寶卻還是一直打嗝的話，再讓寶寶喝點母乳或奶粉可以讓他能安定下來，不再繼續打嗝。

寶寶覺得冷　寶寶突然吹到冷風或體溫下降也會開始打嗝，如果寶寶在很冷的天氣打嗝，可以幫他戴帽子或穿襪子，讓他的身體暖一點。尿布很冷也可能導致寶寶體溫下降，寶寶在室內突然開始打嗝的話，可以檢查一下他的尿布。

喝到冷的奶或吃得太急　泡出來的奶溫度太低、或寶寶喝奶喝得很急，就有可能打嗝。餵奶粉時一定要確認溫度，再慢慢餵寶寶喝。

除了以上的方法外，還可以用力按壓寶寶的手掌或腳掌，對於止住打嗝也很有幫助。

Q10 乳頭很痛，我每次哺乳時都很害怕

如果乳頭受傷，就會因為疼痛而很難讓寶寶吸奶，甚至會覺得害怕。經歷過的媽媽們都說那種感覺像是被燙到、又非常刺痛，光是回想起來就覺得心驚肉跳。很多媽媽停止哺乳都是因為乳頭受傷。

乳頭會受傷往往是因為寶寶沒有好好吸奶的關係。因此，練習讓寶寶含住整個乳房是很重要的（參考 P.174）。不過，要是乳頭已經出現傷口、很難再讓寶寶吸的話，可以參考以下方法，先治療乳頭的傷口再餵奶吧！

只要在哺乳時把乳頭藥膏擦掉就可以了，我擦的是 Bepanthen 修復軟膏，傷口恢復得真的很快。

處理乳頭傷口的方法

使用乳頭保護霜　可以用用看 Lansinoh 羊毛脂護乳霜，或地球媽媽 Earth Mama 乳頭霜等產品。因為這些乳頭保護霜成分天然，可以安心用在寶寶嘴巴會碰到的部位。在沒有哺乳時塗抹，等要哺乳時再擦掉就可以了。如果傷口很嚴重，可以擦 Bepanthen 修復軟膏，媽咪們可能會因為那是藥品而有所顧慮，不過重點是要趕快好起來，最好還是擦一下。

使用乳頭保護器　用乳頭保護器也可能會造成乳頭混淆，所以出生滿4週前，用一下子就要拿掉，等到寶寶出生滿4週後再繼續使用。如果乳頭傷口都痊癒了，就要馬上把乳頭保護器拿掉，讓寶寶適應吸媽媽的乳頭。

用手把母乳擠出來　使用擠乳器傷口比較不容易好，可以先用手把母乳擠出來，擠完之後再擦藥膏。

出生滿 4 週前的寶寶還在適應吸奶的方法，如果這時使用乳頭保護器或用奶瓶餵奶，寶寶可能會覺得這些東西比媽媽的乳頭更容易吸到奶，而喜歡保護器和奶瓶。如果想要餵母乳，最好節制一下使用乳頭保護器的時間。

Q11 乳頭保護器怎麼挑？

我的乳頭比較平，所以產前就先買好適合我尺寸的乳頭保護器，用了後我有成功地餵到全母乳。月子中心也會提供建議，告訴你正確尺寸怎麼挑。

到了懷孕後期，大部分的產婦乳頭都會突出。但如果乳頭還是平坦或凹陷，也先不要做特別處理，不然可能會造成產前宮縮。

平坦的乳頭即使受到刺激也不會突出；至於凹陷的乳頭，就算在跟乳頭相隔 2.5cm 的乳暈部位揉捏，乳頭也不會突出來，反而可能會陷得更深。

媽咪乳頭受傷、無法讓寶寶吸奶時，或是媽咪乳頭很平、凹陷、乳頭較小而讓寶寶吸不到奶的時候，使用乳頭保護器滿有效的。但要是長期使用，寶寶可能會習慣乳頭保護器，而不想直接吸媽媽的乳頭，所以最好只在需要時用一下，之後再換成媽媽的乳頭給寶寶吸。一般在寶寶滿 4 週前都不要用乳頭保護器，才不會出現乳頭混淆，而且長時間使用可能造成乳汁分泌量減少，所以寶寶一適應乳房後，最好就要立刻拿下來。

乳頭保護器的種類很多，建議先觀察一下自己的乳頭形狀和直徑大小，再選購最適合的款式。半邊是凹下去的接觸型乳頭保護器，可以讓寶寶鼻子貼著媽媽乳頭，讓他聞到媽媽的味道，這種款式滿理想的。但如果奶嘴太長，可能引發寶寶嘔吐；太短則會讓寶寶沒辦法好好吸到奶水，需要仔細慎選再購買。使用時手抓著乳頭保護器的末端，在內側擠進一點母乳，再把保護器跟乳頭和乳暈緊貼密合就可以了。

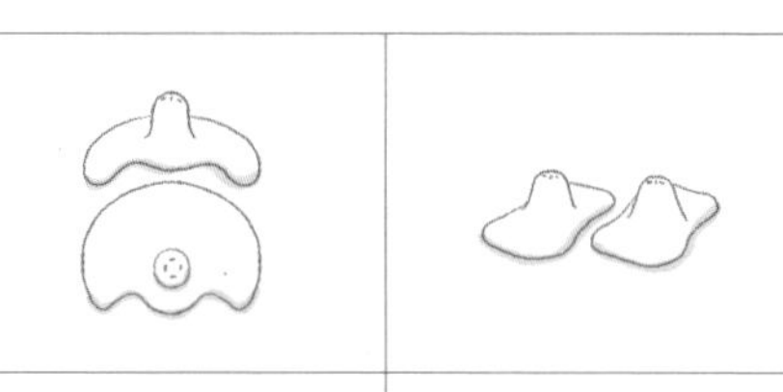

Medela 美樂 乳頭保護器	Avent 新安怡 乳頭保護器

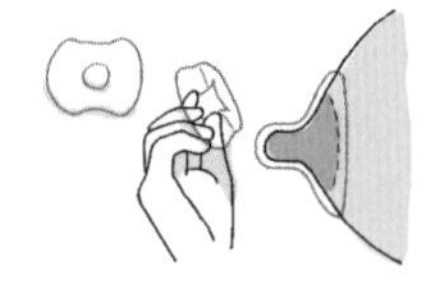

使用時

❶ 可以先上網看看別人的使用心得，找出適合自己的形狀和尺寸再購買
❷ 使用後問題解決的話，就要立刻讓寶寶吸媽媽的乳頭

Q12 用擠乳器擠出奶之後乳汁還是出得很慢，這是正常的嗎？

聽說用擠乳器之後，乳汁會乾掉、出不太來耶！母乳量變少的時候，到底能不能用擠乳器呢？正確解答是：可以用，但是要正確地用。其實不論是想讓奶量增多或減少，都可以用擠乳器幫忙。

用擠乳器擠出奶之後卻造成沒有乳汁，是因為沒有把母乳完全吸出來。想讓母乳量變多的話，就要時常擠乳，而且一定要擠到完全沒有奶。如果只擠出一點點，大腦就會以為母乳量夠多而停止分泌母乳，造成母乳乾涸。

用擠乳器把母乳完全擠出來的話，就可以增加母乳量。在親餵時使用擠乳器，就能把母乳完全擠出來，但不要以為這時就沒有母乳了，應該多等 2 分鐘再繼續擠，才能把奶完全擠出來。用這種方法讓擠乳器把母乳吸到一滴不剩，就會再分泌更多母乳而增加母乳量。

使用擠奶器的時候，要在不被別人打擾的安靜空間中，放鬆心情操作。乳頭要確實對準擠乳器漏斗的中心並放好，如果乳頭放得太深、太緊，可能會造成擠壓受傷，放的時候要稍微留一點空間。擠乳器有碰到乳頭的部分，一定要用水煮沸或用奶瓶清洗劑清洗；如果使用公用的擠乳器，碰到乳頭的漏斗和管子等配件，最好都用自己的。

我常常用擠乳器，不過奇怪的是我用到後來，從乳頭到頭都開始有刺痛的感覺。因為有副作用，還是要適量使用才行。

我用擠乳器的時候，有媽媽跟我說這樣很快就會沒有奶，也有媽媽說用了擠乳器，還是可以有足夠的奶讓寶寶喝到斷奶。不過我後來才知道，原來用不同的方法使用擠乳器會有不同的效果。

1. 用擠乳器增加母乳量－親餵後擠乳，等最後一滴乳汁都擠完後多等 2 分鐘，再繼續把剩下的乳汁完全擠出來
2. 用擠乳器減少母乳量－在親餵前先用擠乳器吸出少許母乳

Q13 應該挑什麼樣的擠乳器？

過度使用擠乳器時，會有胸部疼痛的副作用，一旦覺得疼痛或出現什麼問題，就要立即中斷使用。此外如果胸部動過手術，建議不要常用擠乳器。

前輩媽媽妙招

最近有出一種單雙併用的擠乳器。如果買的是攜帶型的電動擠乳器，要確認充電後可以使用多久。

前輩媽媽妙招

手動擠乳器的吸力比我想像中強，而且沒有噪音、很不錯。不過我用了之後手腕都會痛，可能不太適合經常使用。

如果媽媽分泌的母乳量比較大，或需要先擠出母乳放到冰箱保存，就會需要用到擠乳器。如果媽咪只是要短期使用的話，月子中心或生產醫院裡都有得用，但要是需要長期使用，可以參考下列資訊選購。

擠乳器大致上分為雙邊電動擠乳器、單邊電動擠乳器，還有手動擠乳器，這三種類型。雙邊擠乳器可以一次吸取兩邊乳頭，單邊則是一次吸一側乳頭，而手動擠乳器要由媽媽自己擠壓乳房。

電動擠乳器可以快速擠出母乳，優點是能節省時間，也不會造成手腕負擔，使用起來相對簡單，但因為體積大，攜帶起來比較不方便。手動擠乳器則因為很輕巧，如果要帶去上班也不會太麻煩。

使用擠乳器時，最重要的就是要調整到適當吸力。吸力太強會造成乳房負擔，但要是發現吸力太弱、奶擠不太出來的時候，就可以增加吸力。

雙邊電動擠乳器	單邊電動擠乳器	手動擠乳器

❶ 在家需要短時間擠出很多奶量的話，就選擇電動擠乳器
❷ 如果要帶出門就選擇手動擠乳器

Q14 發燒加全身痠痛，就是得了乳腺炎嗎？

許多媽咪們會選擇停止繼續哺乳的其中一個原因，就是乳腺炎。乳腺炎會發作，主要是因為輸送的乳腺管裡有細菌滋生、乳腺管內的物質逆流回到乳房組織裡，或是哺乳時寶寶吸的方式不對、造成乳頭有傷口，讓細菌趁機入侵到媽媽體內而產生的。

預防乳腺炎的第一個方法，就是在哺乳的時候不要把乳房托高，讓寶寶吸奶時也要小心，盡量不讓乳頭受傷。假如罹患了乳腺炎，乳房表面就會紅腫，沒有碰到乳房也會疼痛。輕碰或按壓胸部時，甚至會痛到叫出來，還會發燒、像感冒一樣全身痠痛。

解決乳腺炎的最好方法，就是常讓寶寶吸奶。母乳中的細菌或抗生素都不會因為哺乳而跑進寶寶的身體裡，不會對寶寶有害，而且時常哺乳能促進乳汁和膿液的排出，有助於治療乳腺炎。因此即使得了乳腺炎，也最好繼續哺乳、不要中斷。如果媽媽們還是會對哺乳有疑慮，也可以用擠乳器繼續把乳汁擠出來。

醫院會按照乳腺炎症狀開消炎藥、止痛藥、抗生素等藥物給媽媽服用，症狀相當嚴重時，一定要吃醫生開的藥並搭配乳房按摩。

我覺得乳腺炎甚至比生孩子更痛，我痛得很厲害，嚴重到一聽見寶寶哭說想喝奶就會怕。不過，後來我還是一直按摩乳房並吃藥，忍著這些痛苦克服了乳腺炎的難題。

出現乳腺炎的症狀時，與其只是自己勉強想辦法處理，其實直接去醫院請醫生開藥是比較明智的作法。

1. 乳房皮膚紅腫、一碰就痛的話，要到醫院請醫生開藥
2. 按摩乳房、努力哺乳，也把乳汁擠出來。

Q15 什麼時候可以開始餵他喝水呢？

一般滿周歲前，可以讓寶寶喝水的量是他體重的 15%，滿 5 歲後是 10%，滿 8 歲後則是 7.5%。不過，夏天會流很多汗，可以稍微多喝一點；到了寒冷的冬天，則喝少一點。要注意的是，這段時期的水分攝取量也包含了喝下去的奶量。

出生後 4 ～ 6 個月內的寶寶可以從泡的奶粉或母乳中攝取足夠的水分，不需要另外讓他喝水。而且另外喝水的話，反而會讓寶寶體內的鈉含量濃度下降，造成寶寶臉部浮腫，需要小心注意。

開始喝水的時間點跟開始吃副食品的時間點一樣。喝母乳的寶寶滿 6 個月後就可以開始吃副食品，這時起就需要讓他喝水。因為正式開始吃副食品之後，食物中的水分會不夠、需要另外補充。

如果在吃副食品前先喝水，寶寶肚子就會太飽而吃不下副食品，所以建議在吃完副食品後用湯匙盛一點水讓寶寶練習喝，也可以把煮開放涼的水裝一點在奶瓶裡給寶寶喝。寶寶滿周歲後，只要不影響飲食習慣都可以補充水分；而滿 25 個月後，就可以像大人一樣在口渴時喝水了。

別讓寶寶喝到生水，最好把水煮開放涼、有點微溫再給寶寶喝會比較好。這樣能降低細菌感染的機會，也比較不會刺激腸胃。

什麼時候可以開始讓寶寶喝麥茶？

麥茶跟水一樣，當寶寶開始吃副食品時就能喝了，先確認麥茶的原產地和生產衛生後，就可以泡很淡的麥茶給寶寶喝，比較不會過敏。另外因為麥茶偏涼性，當寶寶發燒時有助於退燒，有腸炎時還可以幫助補充水分。不過也因為性質偏涼，腸功能還沒發育成熟的寶寶喝了可能會出現腹瀉情形，也可能因為是穀物而引發過敏反應，因此在喝之前，可以先讓寶寶試一點點觀察反應。

Q16 聽說環境荷爾蒙會跑進母乳裡，有這種事嗎？

2015 年，韓國 EBS 電視播的一個節目——「母乳殘酷史」中提到母乳被檢測出內含環境荷爾蒙，這個消息在媽媽界引起了一陣恐慌。母乳裡有環境荷爾蒙，所以乾脆讓寶寶喝奶粉比較好，不過真的是這樣嗎？

其實從很早以前，就已經發現母乳中含有害物質。女性乳房是人體中脂肪密集的部位，而脂肪又跟環境中的有害物質相容，所以無可避免地，胸部的確特別容易堆積環境中的有害物質。環境荷爾蒙確實會跑進乳房，但專家指出，母乳從營養學和免疫科學的角度來看，都是非常完美的食物，而且餵母乳能幫助寶寶對媽媽產生依附感，所以還是會建議媽咪們在寶寶出生滿 6 個月到 24 個月這段期間積極地餵母乳。雖然無法避開隱藏在生活中每個角落的環境荷爾蒙，不過還是可以努力減少暴露在環境荷爾蒙中的機會，並供給寶寶健康的母乳。

產後過度減肥會造成脂肪量突然減少，而本來在體內維持安定狀態的環境荷爾蒙反而更有可能對身體帶來不好的影響。尤其是對打算餵母乳的媽咪來說，不建議產後過度減肥。

給寶寶健康母乳的方法

- 吃有機的蔬果和肉類
- 多吃含解毒成分的大蒜、香菜、無農藥蔬菜、新鮮堅果類，及海苔、海帶等海藻類食物
- 使用塑膠容器時多注意
- 盡量使用成分天然的保養品和洗髮精。

❶ 盡量遠離含環境荷爾蒙的物質
❷ 用汆燙或蒸煮的烹調方式，減少食物中的膽固醇及飽和脂肪

Q17 胸部整形過可以餵母乳嗎？

即使動過胸部外科手術，但除非是動過手術的部位出現乳暈化膿現象，或是手術中有動到乳腺管或神經，不然都是可以成功餵母乳的。事前檢查時，要先告訴醫生自己做過哪種手術，在哺乳當下也要確認寶寶有沒有好好喝到奶。

幾年前曾有新聞報導說，做過隆乳手術的媽媽在餵母乳時，乳房中的矽膠填充物成分透過母乳跑出來，當時大家都相當震驚對吧？因為看過這個問題，所以胸部動過手術的懷孕女性，也都很想知道自己餵母乳到底安不安全、會不會一個不小心反而讓母乳變成一種傷害。

醫生指出，其實隆乳手術並不會對吸母奶的寶寶造成危險。因為媽媽在哺乳時，乳腺組織會在填充物的上方膨脹收縮，所以只要媽媽們沒有動手術移動過乳頭位置，或是切除乳腺管、神經等動過乳房組織的組成結構，就不會對哺乳造成太大影響。不過相反地，如果曾動手術縮小乳房，基本上就無法哺乳了。因為這種手術會改變乳頭位置，也會連帶動到各個乳腺管和神經。

這件事報導出來之後，韓國的食品藥物安全署提出相關指示，建議所有媽咪在哺乳前一定要先做超音波，檢查乳房填充物有沒有破裂，而且術後 3 年起，每 2 年就要做一次 MRI（核磁共振），檢查填充物情形。這樣一來可以避免填充物影響母乳的疑慮，二來也可以安心讓寶寶喝到含豐富營養的母乳。

如果準備要餵母乳的媽咪們曾經因為任何原因動過胸部整形手術或乳房開過刀，別忘了先到醫院做超音波診斷來確認安全性。

做過胸部整形手術的話，哺乳前請先做超音波及 MRI（核磁共振）等診斷，徹底檢查填充物是否破裂

Q18 孩子常常吐，這樣沒關係嗎？

新生兒胃和食道之間的括約肌還沒有發育完全，所以餵奶後常常會有吐奶現象。因為括約肌還沒辦法好好鎖緊，吃下去的母乳或奶粉就又會從食道跑上來，醫學上稱這種現象為「新生兒胃食道逆流」。一般最常發生在寶寶出生 1 ～ 4 個月之間，過了這段時期就會好轉，大多不需要治療；不過要是症狀持續到第 18 個月，就要找出是不是有其他可能的誘發原因。

另外出生後 2 ～ 4 週的新生兒，如果每次餵奶後都會像噴水池一樣噴出奶水，就需要檢查是不是「肥厚型幽門狹窄症」。萬一發現寶寶體重沒有穩定增加，或出生 6 個月後開始有嘔吐現象，而且嘔吐後拒絕喝奶或異常哭鬧，就要到醫院接受檢查。

減少寶寶嘔吐的方法

分段式餵奶　每次餵奶時都只餵一點點，中間都稍微休息一下；或是餵奶中間休息時讓寶寶打嗝。也要確認是不是奶量餵太多。

餵奶後要把寶寶抱直　餵奶後大約 20 ～ 30 分鐘都要把寶寶抱直。哺乳時要讓寶寶上半身直立，如果是餵奶粉，就要確認不讓空氣跑進奶水裡。

試著換奶粉或奶嘴　嘔吐也可能是因為奶粉跟寶寶體質不合，可以試換成其他廠牌的奶粉。或是奶嘴孔洞太大導致寶寶吃進太多空氣，也可以換另一個尺寸的奶嘴試試看。

雖然寶寶嘔吐不是太大的問題，但如果寶寶吐完後哭聲非常尖銳刺耳、出現發燒現象，或是寶寶在吐之前，頭部曾受重擊過、從高處摔下來、受到很大的驚嚇，之後有嘔吐現象，就要立刻送醫。

如果寶寶常吐，就不要讓他趴著，而是常讓他側躺，才能防止氣管堵塞。

新生兒胃食道逆流大概會從出生後 1 個月起開始變嚴重，然後持續到滿 100 天的時候。出現胃食道逆流時，最好縮短餵奶的時間間隔，而且要一點一點餵寶寶。如果嘔吐症狀過於嚴重，可能會影響呼吸器官，建議向醫生諮詢後，讓寶寶喝特殊奶粉或吃藥。

Q19 想餵奶粉的話，要買哪種奶瓶？

前輩媽媽妙招

產後會去月子中心的話，就不需要先買奶瓶，等到快出院再配合寶寶喝奶的量來買奶瓶就好。出生 3 個月內，大概要買 160ml 的奶瓶，之後就選 240ml 的會比較適合。

前輩媽媽妙招

輪流用矽膠和玻璃奶瓶，就可以用比較久，大約可以用到 12 個月。玻璃奶瓶不太會有刮痕，也不會有環境荷爾蒙的影響，但是玻璃的很重，而且容易有打破的危險。

寶寶腹痛症狀很嚴重時，如果已經有正在用的奶瓶，不用先換奶瓶，可以先讓寶寶換奶粉試試看。

如果決定要餵奶粉，就需要先準備奶瓶。不過奶瓶的容量、外觀、材質、功能等種類太多了，真的很難選。下面列出幾個項目，讓爸媽們在買奶瓶時做參考。

買奶瓶時該考量的項目

材質　月子中心或婦產科提供的奶瓶大多是 PP（聚丙烯）材質。PP 材質的奶瓶便宜又輕巧、方便使用，缺點就是容易凹陷。有國民奶瓶之稱的仿真乳頭奶瓶則是 PPSU（聚苯碸）材質，顏色是茶色而且很堅固，耐熱度高達 200 度，所以用的人也最多。不過這些類型的塑膠奶瓶一旦產生刮痕，刮痕間就可能會滋生細菌，建議 6 個月就更換一次。

外觀　有一般型奶瓶和寬口徑奶瓶，寬口徑奶瓶瓶口較寬，清洗起來很方便。同種形狀的奶嘴和奶瓶一般都可以跟其他品牌互換，可以換不同牌子用用看。

奶嘴頭　奶嘴頭是最重要的一環，因為不論哪種奶瓶，讓寶寶好吸的奶嘴頭都是最重要的。有仿真乳頭奶嘴、防止腹痛奶嘴（有紋路、氣孔）、一般奶嘴等各種奶嘴頭，不過有的可能不適合寶寶，建議先買一兩個讓寶寶吸吸看，吸得順的那種再多買幾個。奶嘴孔大小也會影響餵奶速度，如果寶寶經常吐奶，可以試著調整奶嘴的尺寸。

防腹痛功能　如果寶寶有肚子痛症狀，再買防腹痛的奶嘴頭來用就可以了。最有名的防腹痛奶瓶是布朗醫生 Dr. Brown's，效果也很棒，不過不好清洗。除此之外還有很多其他有名的奶瓶品牌，可以多比較再選購。

Q20 奶粉建議挑什麼樣的比較好？

如果是從新生兒時期就很難餵母乳而改餵奶粉，通常會直接選擇在醫院或月子中心時寶寶喝過的奶粉，因為很難換掉寶寶已經喝習慣的奶粉。所謂的最好的奶粉，就是跟寶寶體質最合的奶粉。有些人會覺得應該有更好的奶粉，就一直換來換去，反而讓寶寶不適應、徒增許多辛苦。沒有什麼特別原因的話，會建議不要隨便更換奶粉。

前輩媽媽妙招

新諾兒 Novalac AD 奶粉能改善寶寶大便的症狀。如果寶寶難消化乳蛋白，也可以選叫做 Medi Soy 的奶粉。

必須更換奶粉的狀況

腹瀉　大便突然變得很稀，或發出奇怪的臭味，就會建議試試更換奶粉。換了奶粉腹瀉還是沒有停止的話，請讓寶寶喝能提供營養的腹瀉專用奶粉來停止腹瀉。腹瀉停止、過 2 ～ 3 天後，就可以混合一般奶粉給寶寶喝，之後再慢慢換回一般奶粉。

給寶寶吃乳酸菌對嬰兒腹痛也有幫助。有新生兒能吃的乳酸菌，像是寶乖亞 BioGaia 益生菌滴劑就很有名。

腹痛（嬰兒腹痛）　如果寶寶腹痛相當嚴重就要更換奶粉，可能是因為寶寶無法順利吸收乳糖，或奶粉跟寶寶體質不合，導致肚子裡產生過多氣體。這種時候可以讓寶寶喝乳糖含量少且富含營養成分的新諾兒 Novalac AC 等的奶粉。

嘔吐　寶寶常嘔吐或總是無法消化也要換奶粉，換了還是沒有好轉，就要改用對奶粉過敏或有乳糖不耐症的寶寶喝的特殊奶粉。不過要先經過小兒科醫生的治療再讓寶寶喝。

特殊奶粉中最多人選購的就是腹瀉奶粉了，建議吃完後短則 5 天、長則 2 週就要再讓寶寶喝一般奶粉。要是長期讓寶寶喝這種特殊奶粉可能會造成問題，一定要詢問醫生後再給寶寶喝。

體重沒有增加時　寶寶體重過輕或體重沒有增加時，請給寶寶喝營養密度高的強化奶粉。

出現過敏症狀時　消化器官尚未成熟、未滿 12 個月的嬰幼兒，可能會因為無法好好消化體內奶粉中的蛋白質而出現過敏症狀。讓寶寶改喝不含過敏成分的奶粉，也能讓症狀好轉。

Q21 國內奶粉和進口奶粉有什麼差別？

很多媽媽會選擇進口奶粉而沒有選擇國產品牌，通常是因為覺得那畢竟是原乳製成的。生產奶粉原料的乳牛生長於什麼產地、吃哪種牧草……等等，媽咪們經過種種考量後，一般都會覺得動物福利普及化的歐洲等地，飼育環境更優良、乳牛成長得更好，在這樣的環境條件之下，也使得媽媽們更偏好國外的進口奶粉。

在歐洲，奶粉的核准需要經過各種不同的認證機關，比較值得信賴；不過進口奶粉的價格也相對比較高，而且量不多、需要預購。

另外，寶寶在吃副食品的初期和中期這段時間，亞洲地區還是會認為奶粉是主食；不過歐洲在寶寶滿 6 個月大時，就會把奶粉當成一種營養補充品，一天只給寶寶吃 1 ～ 2 次。因為在嬰幼兒飲食的習慣上有這樣的差異，所以營養成分設計上標準也會不同，需要事先確認清楚全成分標示。

不論進口奶粉或國產奶粉，最重要的是要以適合寶寶體質的奶粉為優先。曾經有一陣子，抽查直購或代理商等通路輸入的奶粉，結果發現部分奶粉使用了國內奶粉禁止的添加物「葉黃素」（金盞花色素），或是氯酸鹽的用量超標等問題，不符合國內規定。進口奶粉並非就等於沒有疑慮，所以不要一味地偏好進口奶粉，建議仔細比較進口和國產奶粉的優缺點後再選購。

進口奶粉中，我選擇了跟母乳成分最像的德國製愛他美 Aptamil 奶粉給寶寶喝。他們家奶粉的 Pre 階段奶粉和第 1 階段奶粉適合所有剛出生到滿 6 個月的新生兒，差別在於 Pre 階段奶粉不含澱粉，而第 1 階段的奶粉則有澱粉。近年來也有很多人給寶寶喝喜寶 hipp 奶粉。

進口奶粉在 40 ～ 45 度的水中比較能溶化，水太少就不好溶，所以要弄清楚奶粉好溶的水量。

❶ 以適合寶寶體質的奶粉為優先
❷ 想選進口奶粉，就要仔細瞭解奶粉成分
❸ 事先弄清楚如有急需時奶粉是不是容易購得及購買方法

Q22 用什麼方法餵奶可以讓媽媽和寶寶都沒有壓力？

有些媽媽因為要回去上班，而必須讓寶寶斷奶，不過也有因為其他因素而需要斷奶的情形。如果寶寶一直都喝母乳、卻突然沒辦法繼續喝，就會有很大的心理壓力。所以，最好的斷奶方式是花些時間慢慢減少寶寶喝奶的次數。

舉例來說，出生後3個月的寶寶一天要喝奶喝8次左右，如果開始斷奶，就要減少一次的餵奶次數，持續3～4天等寶寶適應後，再減少一次，然後維持一段時間。可以用這樣的方式慢慢斷奶。

此外，可以同時搭配塗抹卷心舒緩霜 CaboCreme、冷敷胸部、在胸部貼大白菜葉、吃麥芽、喝斷奶茶等方法。想要減少母乳量時，在胸部上塗卷心舒緩霜 CaboCreme 會滿有效的，一天從擦8次增加到12次也有助於斷奶。

有人說在斷奶時剩下母乳在乳房內會造成乳癌，這是謠言。不過要是沒有排空剩下的母乳、而是留在乳房內，血管無法吸收的乳汁可能會堆積在乳腺管內，造成乳腺炎或頭痛，所以的確需要徹底擠出奶水。

寶寶滿12個月後的斷奶法

小熊斷奶法　這個方法適用於滿12個月大以上的孩子。一邊跟他說：「現在我們家XX已經是姊姊（哥哥），也長牙齒了啊～可以吃餅乾囉！嘴嘴就給小熊熊了，我們跟嘴嘴說拜拜～」然後一邊試著幫他斷奶。

OK繃斷奶法　拿拋棄式ok繃或乳頭貼貼在乳頭，跟孩子說：「馬麻的ㄋㄟㄋㄟ會痛，不能再讓你喝ㄋㄟㄋㄟ囉！」說明給他聽。

抹醋斷奶法　在胸部上面抹點醋，跟寶寶說：「馬麻ㄋㄟㄋㄟ酸掉了，沒有好吃的ㄋㄟㄋㄟ了，不要喝了好不好？」

我把300ml的麥芽和1000ml的水拌在一起，連煮3小時後拿濾網過濾，隨時拿來喝，結果母乳真的減少了。不過這方法對沒有乳腺炎的健康乳房才有用。

嘗試斷奶時也可以到婦產科、乳房外科等請醫生開藥。代表性的斷奶藥有溴隱亭藥片，快的話3天、慢則10天就會退奶，相當有效。不過這些藥物可能引發副作用，一定要向醫生諮詢，真的不行再使用這個方法。

Q23 如果還在哺乳期就得重返職場，需要做什麼準備？

如果選擇要擠奶，最好先確認一下上班地點可以擠奶的地方和時間點。沒時間消毒奶瓶的上班族媽媽，也可以考慮用拋棄式奶瓶。

有些人會擔心跟孩子相處的時間變少，會對情緒造成不好的影響，其實不用擔心。研究結果顯示，上班族媽媽跟孩子相處的時間反而過得更開心，就算一天只有 1 小時能相處也沒關係，重點是這時間要努力跟孩子親密互動。

有人產後育嬰假可以請 1 年，不過還是有滿多媽媽生完小孩之後不到 3 個月就必須回去上班。如果要回去上班，第一個就是要找好能照顧孩子的人或機關；如果還在哺乳期，就看是要讓寶寶斷奶、還是擠奶出來瓶餵，然後慢慢讓寶寶適應新的方式。

決定照顧孩子的人選

回到職場上班的時候，最重要的就是要決定把孩子交給誰帶。當然能找自己的媽媽或婆婆帶是再好也不過了，既能夠安心交給家人，也可以省下一筆費用；不過要找保母的話，比起找時段性的保母，還是會建議找 24 小時入住家裡的保母來帶孩子。找保母時，家裡要裝設 CCTV 監視器，每週照顧的天數和時數、假日、追加照顧的天數等等，這些細節都要好好跟對方溝通。

如果已經定好照顧孩子的人選，在回去上班前就要開始用奶瓶練習餵奶，讓寶寶可以提前習慣往後的哺乳方式。家裡也要整理一下，讓來照顧孩子的人方便使用，還需要準備好寶寶的用品、衣服、鞋子等，最後就是打理自己的儀容、做好上班前的準備。

讓孩子習慣用奶瓶

從媽媽準備要回去上班的前 1 個月開始，就要調整孩子的哺乳方式。如果一直都是親餵的寶寶突然用奶瓶喝奶，可能會有乳頭混淆的問題而讓寶寶拒絕喝奶，所以會建議媽媽們在 3 ～ 4 週前就要選用相似於媽媽乳頭的奶嘴頭，讓寶寶習慣並喜歡奶瓶。

此外，也要先模擬媽媽已經上班的時間和環境來餵奶，讓寶寶可以事先習慣。例如：在早晨、晚上餵奶的時間點直接親餵，白天進食的時候則改用瓶餵等等，先配合上班後的狀況調整，讓寶寶有可以適應的期間。這時的重點就是要盡量拉長並維持餵奶時間的間隔。

把奶擠出來餵寶寶

如果下定決心要繼續讓寶寶喝母乳，就要做好餵母乳的各樣準備。

熟悉擠奶方法　回公司上班的前 2 週，哺乳後 30 分鐘內要練習用擠乳器擠奶。用電動擠乳器同時把兩側乳房的奶擠出來，會比較省時。

擠出母乳儲存　擠出母乳後，分成寶寶一次喝的量冷凍保存，就不用等解凍後才量出寶寶要喝的量，直接解凍就能餵奶了。母乳袋上要寫上日期，先擠的先喝。

解凍母乳並調溫　把冰在冷凍的母乳放冷藏 12 小時、或放在室溫融化。可以記錄開始融化的時間，也可以設鬧鐘提醒。等母乳都融化後，就放入 36 ～ 40 度的溫水中調整溫度，再給寶寶喝。

解凍後的母乳可以放冷藏 24 小時，但絕對不能重新再拿去冷凍，寶寶喝剩的母乳也不能再給寶寶喝，會有細菌感染的問題。解凍時，奶水中的脂肪層可能會黏在奶瓶上，要先把奶瓶輕輕搖一搖再餵。

新鮮的母乳可以在室溫下放 4～6 小時，冷藏可以放置 2～3 天，冷凍則可以放 3 個月左右。把母乳放在母乳袋冷凍時，不要忘了寫上存放日期。

把剛擠出來的母乳跟冷凍過的母乳混在一起，新鮮母乳會融化冷凍母乳的外層而造成細菌感染，剛擠出來的母乳可以裝在拋棄式袋子裡餵寶寶喝。

- 決定照顧孩子的人選
- 1 個月前調整好哺乳的方式
- 再次整理好家中用品

拜託快點睡好嗎？擺脫睡眠訓練崩潰

養孩子的媽咪們最大的願望就是能「盡情睡到飽」！寶寶想睡就睡啊，為什麼不肯睡覺、還一直哭鬧呢？如果先確實瞭解寶寶的睡眠特性、睡眠過程、睡眠方法，寶寶的睡眠訓練就能更容易成功。一起來揭開寶寶的睡眠祕密，立刻就能在寶寶的睡眠訓練中派上用場。

如果讓我再做一次睡眠訓練？

找出適合自家寶貝的育兒方式

「我很努力照著育兒書上寫的去做了，為什麼這些方法在我孩子身上都沒效呢？」、「別人家的孩子用了這些方法真的會睡著，為什麼偏偏我們家的孩子每 2 小時就醒來哭呢？」其實孩子養到後來，答案好像就呼之欲出了：「因為別人家的小孩跟我們家的不一樣啊！」有些孩子照書上的方法有效，也一定會有某些孩子沒效。所以，在找出自家寶貝睡眠間隔的過程中，不需要因為沒看見書上說的那種效果就感到絕望。嘗試各種方法的過程中，多多參考前輩媽媽的經驗，並想著這樣就能少走很多冤枉路時，內心就會舒坦多了。

抱著孩子哄他時不需要有罪惡感

有人說在睡眠訓練時不可以哄孩子，結果就有很多媽媽在抱著孩子哄的時候萌生罪惡感，其實我覺得抱著哄並不是什麼壞事。有的寶寶不用什麼睡眠訓練，覺得被抱著不舒服，就自己喜歡躺著睡覺了；也有小孩大一點就會自己滾來滾去，等想睡覺就自己睡著了。雖然也有媽咪因為長時間抱孩子，後來手腕和腰太痛了就覺得一定要做睡眠訓練，不過如果孩子睡前哭鬧不嚴重，媽媽抱著哄也不會太累的話，我覺得抱著哄到孩子呼呼大睡也沒什麼關係。

chapter 6

我做了睡眠訓練後，看見了新世界啊！

我家老大一直到滿周歲之前，我都抱著哄他睡。本來想說他周歲聽得懂話之後再做睡眠訓練，沒想到他反而更會耍賴、睡前哭更兇。到了老二的時候，我就照別人建議的，從出生滿 4 個月就開始幫他做睡眠訓練。我們會關燈讓孩子聽些搖籃曲或白噪音、輕輕拍他，雖然剛開始有點辛苦，但是持續幾天之後，寶寶竟然真的自己睡著了，我覺得好像在作夢一樣。抱孩子抱到他睡著前都不能亂動、緊張兮兮躺著的日子，如今都再見啦！哄孩子睡著後我就有自己的時間了，用一句話來說，就是育兒品質完全不同了。我覺得為了孩子和父母好，一定要做睡眠訓練。

睡眠訓練行不通的話，可以試試其他方法

我聽那些用很有名的睡眠訓練法而成功的媽媽分享，幾乎都是在 3 ～ 4 天或 1 週內成功的。不過我自己也看過，有媽媽以為短時間就會成功，寶寶哭到媽媽心疼也還是努力放著，結果哭了一整個星期都沒效。如果寶寶一直哭成這樣、你累他也累的話，先停下睡眠訓練再另外找其他方法也沒什麼不好。每個孩子的狀況和個性都不一樣，有些睡眠訓練也有可能不適合自己的孩子。我覺得這種時候可以先暫停，找其他方法會比較理想。

前輩媽媽告訴你睡眠訓練成功祕訣

Doctor's Advice

寶寶晚上熟睡時間依出生月數來區分是：出生2個月5小時，3個月6～7小時，4個月7小時，5個月8小時，6個月9～10小時，7個月10～12小時，8個月12小時（早晚兩次），10個月9～12小時。不過每個孩子實際睡眠時間長短不一，僅供各位爸媽參考。

前輩媽媽妙招

請牢記「Easy育兒」步驟。「Easy」，就是指Eating（吃）、Activity（玩耍）、Sleeping（睡眠）、Your Time（擁有個人時間），然後不斷反覆這幾個步驟的育兒法。利用「吃玩睡」模式，父母也可以擁有自己的時間。讓寶寶一直維持這模式，睡眠訓練就會輕鬆，育兒品質也會提升。

前輩媽媽妙招

如果想讓睡眠訓練成功，在寶寶滿4～5個月大時進行會最好，因為這時他已經會分辨白天和晚上了。另外，大概在寶寶滿50天，胃口開始變大、睡眠時間拉長時，就可以延長哺乳時間的間隔，提早做準備，比較容易成功。

一提到睡眠訓練，很多媽媽腦中就會先浮現寶寶狂哭的樣子，所以很多媽媽都覺得：「一定要做睡眠訓練嗎？」、「就抱著哄他睡覺不行嗎？」不過，睡眠訓練包含「讓寶寶睡得好的方法」以及「讓寶寶自然睡著的方法」，這些方法都能幫助寶寶只要躺著就能自然睡著。

那麼該怎麼哄寶寶睡覺才能減少媽媽和寶寶的痛苦呢？其實睡眠訓練不只是用在「想睡覺時」或「哄寶寶睡覺時」，跟寶寶整個日常生活連結起來才能最自然地達到效果。請務必參考以下幾種作法喔！

3種有效的睡眠訓練法

第一，請記住「吃玩睡」模式　一般寶寶都是吃飽睡、睡飽吃，不過我們把模式換成讓寶寶吃飽後玩一玩，等想睡再睡的模式吧！吃飽後先玩一下，玩著玩著就會覺得累，等後來寶寶想睡時就會開始揉眼睛、打哈欠，或變得不太耐煩。這時哄寶寶睡覺，成功率就會變高。

第二，需要睡眠儀式　所謂的睡眠儀式，是指在寶寶睡覺前的那一連串過程。讓他躺下後講故事給他聽、唱首搖籃曲，也輕拍他的背等等，這所有動作大概每天都要做15分鐘以上。需要大量肢體活動、或讓人興奮的事不適合用來當孩子的睡眠儀式，另外也要注意所有睡眠儀式的過程加起來不要超過30分鐘。

第三，跟一起照顧孩子的人有共識　成功做好睡眠訓練的媽媽們都異口同聲地說，一定要跟一起照顧孩子的人有共識才行。不管是老公、自己的媽媽，還是一起照顧孩子的家人，一定要讓他們也認同睡眠訓練的必要性並一起努力，這樣睡眠訓練才會成功。

前輩媽媽告訴你睡眠訓練準備方法

做睡眠訓練最好是在白天開始進行，首先白天時要讓周遭變得明亮，也要有些自然的噪音。建議可以讓寶寶玩玩偶或念書給他聽，增加玩耍的時間。還有要減少早晨和白天的睡眠量，也盡量讓寶寶在白天多吃一點。

晚上則要盡量把周遭弄暗一點，並保持安靜，睡前洗澡能讓寶寶更容易入睡。藉由睡眠儀式讓寶寶知道該睡覺了，然後減少吃的量並拉長哺乳時間間隔。就算寶寶在半夜醒來也不要餵他，繼續哄他入睡就可以了。

其實睡眠訓練就是要告訴孩子晚上不要吃東西、好好睡覺，然後讓他懂得自己睡。白天要拉長孩子醒著的時間，當孩子出現想睡覺的訊號時，那時就是做睡眠訓練最好的時機！

滿 100 天的寶寶睡眠時間表

滿 100 天的寶寶，可以參考右邊這張養成正確睡眠習慣的時間表。養成良好睡眠習慣的寶寶，大約每 4 小時會肚子餓，晚上可以睡得很熟。滿 100 天的寶寶晚上可以餵 1 次奶，整個白天可以讓他睡 3 次左右。

時間	活動
6：30～7：00	起床＋餵奶
10：00～10：30	白天睡覺
10：30～11：00	餵奶
13：30～15：00	午休
15：00～15：30	餵奶
18：30	睡眠儀式
19：00	餵奶＋就寢
1：00～1：30	餵奶

日夜顛倒的寶寶該拿他怎麼辦？

首先要調整寶寶白天的睡覺時間。早晨餵奶後、和傍晚吃晚餐前的這兩個白天睡覺的時間，讓寶寶睡短短的 1 ～ 2 小時就好，而且早上 9 點前就要把寶寶叫醒。如果寶寶早上睡到很晚，白天的睡覺時間就會延後、導致晚上的睡覺時間也跟著延後。最好在晚上 8 點前就幫寶寶洗澡、餵奶，最晚在 9 點左右要製造出睡覺的氣氛，進行睡眠儀式哄寶寶睡覺。

生長荷爾蒙分泌的時間是從晚上 10 點開始到清晨 2 點，因此至少要讓孩子在晚上 9 點前睡覺比較好。

1. 白天要弄出明亮吵雜的氛圍，晚上則要把光線調暗且保持安靜
2. 白天讓孩子吃飽一點，讓他盡情玩耍
3. 調整好白天睡覺時間、起床時間、就寢時間

前輩媽媽告訴你有效的睡眠訓練法

要慢慢找出寶寶規律的睡眠間隔，出生後滿 4 ～ 5 個月就要把晚上睡眠的時間拉長，當他發出想睡覺的訊號時，就是讓他能在夜間熟睡、並集中進行睡眠訓練的最好時機。雖然大家嘗試過各種睡眠訓練法，不過最具代表性的方法有費伯睡眠法、抱躺法、噓拍法等。專家們建議，像費伯睡眠法、抱躺法這類容易弄哭孩子的方式，最好等出生 4 個月後再開始進行。這期間之前，可以多抱抱孩子、並在他哭的時候給予反應，比較能安定寶寶的情緒。不過出生滿 4 個月後，如果寶寶比較難入睡、真的太常醒來讓父母沒辦法應付，或是媽媽身體太過勞累，都會建議幫寶寶進行睡眠訓練。就算試了各種睡眠訓練都行不通，或是依然需要在半夜餵奶的媽媽們，不用覺得有壓力或罪惡感，如果抱著哄孩子比較舒服，繼續使用這個方式也沒關係。

Doctor's Advice

寶寶開始長牙之後，如果半夜硬要讓他吃過再睡可能會造成蛀牙，最好停止半夜餵奶。

前輩媽媽妙招

如果因為睡眠訓練而讓媽媽和寶寶都很有壓力，其實也不是非做不可。有些寶寶聽搖籃曲聽一聽就會睡著，有些寶寶則一定要抱著才能睡。不管用什麼方法，只要找到讓父母和寶寶都舒服的方式就可以了。

噓拍法（啊拍法）

所謂的噓拍法，就是媽媽在抱著哄寶寶時反覆發出「噓～」或「啊～」的聲音，這個方法也直接用聲音命名。當媽媽發出聲音哄寶寶時，效果類似於讓寶寶聽白噪音。

如果想在寶寶滿 100 天前進行睡眠訓練，可以試試「5S 睡眠訓練法」，5S 指的是 Swaddling（用包巾包住寶寶）、Side（讓寶寶躺在自己旁邊）、Sound（發出「噓～」的聲音或白噪音）、Swinging（抱著寶寶輕搖）、Sucking（讓寶寶吸媽媽的奶或奶嘴）。

有人說費伯睡眠法很殘忍，其實只要正確執行就不會那樣。我開始使用費伯睡眠法之前，就已經讓寶寶習慣統一的睡眠模式了，白天我會讓寶寶盡量玩，等睡眠儀式做完就開始用費伯睡眠法，這樣做下來不到 4 天就成功了。我覺得沒有準備就執行，不太可能成功。

費伯睡眠法

費伯睡眠法就是讓寶寶自己躺在睡覺的位置上，等他自己睡著，寶寶哭的時候再哄他。

不過，並不是寶寶一哭就進去哄他，而是慢慢拉長進去哄他的時間間隔，等寶寶自己睡著，並讓他慢慢習慣這個方式。從3分鐘、5分鐘，到10分鐘，一點一點拉長安撫孩子的時間間隔，然後不斷反覆，不知不覺寶寶就會停止哭泣並學會自己睡著。雖然也有人因為費伯睡眠法，就先入為主地認為：「睡眠訓練就是一直把孩子弄哭。」不過用費伯睡眠法成功的媽咪們都推薦：「這是最有效、最快的睡眠訓練法。」但要是沒有狠下心徹底執行費伯睡眠法、在中途放棄，就會讓孩子白哭、訓練也沒辦法成功，所以千萬要下定決心再開始執行。

雖然有人覺得抱躺法就是一直把孩子弄哭，不過這方法是在寶寶哭的時候哄他，就算他聽不懂也還是說明給他聽並輕拍他，如果只是一直聚焦在「把孩子弄哭」這點上，好像不太對。我覺得通盤瞭解之後再嘗試比較好，推薦大家去看看「超級嬰兒通」這本書。

抱躺法

抱躺法是最多人嘗試成功的方法，只要寶寶一哭就彎下身去抱他，等不哭再把寶寶放回去，按照出生足月程度、抱的時間也不一樣，出生滿4個月的寶寶要抱4～5分鐘，出生滿6個月哄2～3分鐘就可以再讓他躺回去，出生滿9個月抱了馬上讓他躺回去也可以。試過抱躺法的媽咪們覺得，這方法最累的就是抱起來之後，寶寶卻哭到沒有停下來的趨勢。

如果抱孩子的時間已經拉長到某種程度，寶寶還是一直哭不停，就算抱的時間比預期的久，也要等他鎮定下來再放回去，然後再試著一點一點縮短抱的時間。用玩具奶嘴或睡眠娃娃等小東西來哄寶寶，也是一種不錯的選擇。

❶ 多多瞭解各種睡眠訓練法，找出最適合自己的方式
❷ 白天讓寶寶吃飽、玩夠，晚上就要關燈並保持安靜，做好睡眠訓練的準備
❸ 慢慢減少半夜餵奶的次數，也要幫寶寶另外設一個跟父母不同的睡覺位置
❹ 一旦開始進行睡眠訓練，一週當中都要帶著決心執行

前輩媽媽告訴你寶寶的睡眠特徵

根據統計資料結果，有算出各年齡層的平均睡眠時間，不過其實每個人的睡眠時間差異非常大，因此如果寶寶成長正常、發育也正常，就算睡眠時間稍微長了點或短了點，也不需要太過擔心。

本來寶寶吃飽就該睡了，為什麼哄他睡覺會這麼困難呢？而且寶寶看起來好像整天都在睡，為什麼我連哄他睡覺這件事都做不好呢？

為了哄好寶寶，也讓媽媽可以好好睡覺，其實需要瞭解一下孩子的睡眠狀況。睡眠大致可以分成淺度睡眠的快速動眼期（REM, rapid eye movement），以及深度睡眠的非快速動眼期（Non REM）。成人的睡眠大約有 3 ／ 4 的時間屬於非快速動眼期的熟睡狀態；相反地，出生未滿 100 天的寶寶，快速動眼期就幾乎占去了他們睡眠時間的一半，因為他都處於這種淺眠狀態，所以即使寶寶在睡覺，身體也還是會一直動來動去、或好像快被吵醒的樣子。

讓寶寶淺眠的原因非常多，不過最主要還是因為他的腦正在成長。寶寶睡覺時腦部也正好在活躍地生長，所以會很淺眠。然後大概出生滿 100 天之後，寶寶會慢慢像大人的睡眠一樣，熟睡時間的比例跟著變高。總之，100 天的時候就會有奇蹟出現啦！

寶寶睡覺時會成長很多，所以要好好哄他睡覺，而且要讓他睡得沉、睡得久，這點相當重要。

前輩媽媽強力推薦！睡眠訓練 5 大產品

如果寶寶可以在睡午覺時熟睡 1 ～ 2 小時，然後整晚 6 小時都能一夜好眠，那該有多好啊？下面介紹幾樣好用小物，幫助寶寶睡得香甜，也讓父母擁有自由時間。

有機棉兔兔被

這是一款有分量感、能幫助寶寶好好睡覺的嬰兒被子。據說這項產品可以哄寶寶很長一段時間。

哺乳時或在哄寶寶睡覺時，我常常會用到哺乳小夜燈。還有一種可以貼在手機上的小夜燈也很好用。

安撫玩偶

這類安撫玩偶附有小夜燈，也會發出音樂聲，寶寶拿在手上玩一玩就會睡著。費雪牌或者是 Cloud b 等牌子的都很有名。

安撫奶嘴玩偶

雖然有滿多人對於安撫奶嘴玩偶抱持疑慮，不過如果好好遵守使用時間和使用規則，實在是沒有像安撫奶嘴玩偶這樣能讓寶寶安穩睡覺的好物了！掛著趴趴動物的安撫奶嘴在睡眠訓練時非常好用。

防胃食道逆流枕

可以把寶寶頭墊高、防止嘔吐，枕頭的頭部位置較高，屁股的地方則會凹下去，寶寶躺起來就像躺在媽媽懷裡一樣軟軟的。這種枕頭也可以有效防止寶寶一躺下去就哭。

U 字型靠枕可以讓寶寶上半身斜躺，就能像防胃食道逆流枕頭那樣，讓寶寶睡得很香甜。

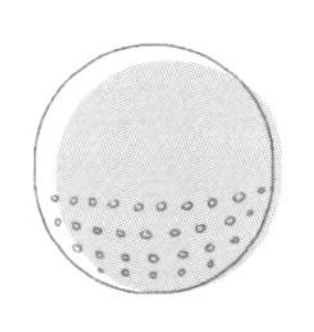

彈力球

抱著寶寶把背靠在彈力球上滾動，意外地能讓寶寶快速睡著。這是睡眠訓練成功的爸爸媽媽們不太知道的一款產品。

Q1 寶寶都不睡覺，我快瘋了，他什麼時候才會睡著？

如果要問照顧孩子最累的是什麼，很多人都會說「寶寶不睡覺」絕對是第一名！新生兒不只沒辦法分辨白天、晚上，而且每 2、3 個小時就要吃一次奶，媽咪根本無法久睡。雖然可以趁寶寶稍微睡著的時候小睡一下，可是那時還要做累積起來的家事、去買什麼尿布、奶粉之類的用品，其實根本無法睡覺。

想擁有好的育兒品質的話，孩子出生後 3～4 個月、還需要半夜餵奶的時期，媽咪們就一定要在寶寶睡覺時去休息。很多人為了想當個完美媽媽，就會在寶寶睡覺時勉強自己做家事，到後來自已身體都累垮，結果變得很敏感、也很容易覺得煩躁。媽咪們睡眠不足又疲倦時，應該要尋求家人協助，讓自己充分休息充電。很多人因為老公要上班就分房睡，不過哄寶寶睡覺這件事也可以請老公一起參與，媽咪們不要只是自己犧牲付出。

滿 100 天左右的寶寶吃飽後會睡覺、肚子餓了就會醒來，如果寶寶胃口開始變好、一次餵食的量變多，餵奶的間隔也慢慢拉長的話，大概出生滿 3 個月前都可以睡超過 5 小時，所以要盡量讓孩子吃飽。萬一都已經充分餵奶，尿布也沒什麼問題，寶寶卻還是會動不動就在半夜醒來的話，可以檢查一下房間內的溫濕度、並調整到舒適的指數，會滿有幫助的。

前輩媽媽妙招

我從月子中心回家之後才開始面臨真正的崩潰，我都趁寶寶睡覺時洗衣服、洗奶瓶、消毒，搞到後來一天根本睡不到 2、3 個小時。後來我請了一個家事阿姨幫忙，因為不用再做家事，寶寶白天睡覺的時候我也可以跟著休息，就沒有那麼累了。

有一款 APP 叫做「搖籃寶 Lullabo」，裡面收錄很多可以讓寶寶熟睡的聲音選項。也可以試試其他的白噪音的 APP。

❶ 寶寶胃口變好，晚上睡覺時間就會拉長，在那之前，寶寶一睡覺，媽媽也一定要去休息

❷ 如果寶寶經常醒來，可以檢查一下尿布及包巾有沒有包好等，看看他哪裡不舒服

Q2 孩子一直哭不停，也要繼續睡眠訓練嗎？

反對睡眠訓練的媽媽們主張說，應該讓寶寶想睡的時候睡、想吃的時候吃就好。不過為了讓寶寶能自己入睡，適時幫他一把也滿需要的，當然有些寶寶不用睡眠訓練，只要時間一到、躺下就會睡著。

在開始睡眠訓練之前，只要知道睡眠訓練過程中，寶寶可能會哭就行了，不要還沒開始就先擔心。就算寶寶哭的時候沒有安慰他，天也不會塌下來，讓寶寶習慣獨自入睡時，需要一段等待的時間。法國的育兒法中有一個方法叫「等一下（Pause）」，意思是寶寶睡一睡驚醒時，不要馬上去哄他，等到他自己鎮定下來就好。因為寶寶醒來後也可能會再睡著，所以就等他自己睡著，並用這個方式幫助寶寶延續睡眠時間。

不論是抱躺法或是費伯睡眠法，其實都不是隨便放著寶寶哭、都不去理他的意思。出生後 4 ～ 5 個月、已經掌握某種睡眠模式之後，就可以開始使用這類方法，而且配合寶寶狀況調整時間，徹底做好計劃後，就能用這些方法達成目的。要是實行這些方法，寶寶還是哭得很離譜、不管怎麼做都沒辦法時，最好尋求其他的睡眠訓練方式。對寶寶和父母來說，找到彼此都舒服的睡眠法才是最重要的。

開始睡眠訓練後，如果寶寶超過一整個禮拜都哭得很慘、讓媽媽辛苦又心疼的話，最好先哄哄孩子再找其他方法。會哭成這樣可能不是因為睡眠訓練，而是出現了其他問題。

❶ 進行睡眠訓練之前，先定好睡眠模式
❷ 要理解寶寶的哭聲是一種表達方式
❸ 不管怎麼做寶寶都還是哭得很離譜，就要找其他方法

Q3 小孩哭的時候，要放著不管他多久呢？

有的孩子要是不去哄，可能會一直哭超過 30 分鐘、甚至到 1 小時。看一些媽媽睡眠訓練成功的經驗，會發現哭那麼久的孩子也大概在睡眠訓練一兩天後就成功了。不過要是寶寶個性非常敏感、或是有其他問題，導致睡眠訓練一週以上都沒辦法成功的話，建議找其他解決方法會好一點。

寶寶一哭就要馬上過去哄他，可是睡眠訓練的時候又叫爸爸媽媽們放著別管、不要哄，放著不管真的沒關係嗎？要等待多久啊？當然，爸爸媽媽們都會有這些疑問。

寶寶睡到一半醒來哭的時候，其實放著不管也沒關係，因為寶寶可能不是「睡到一半醒來哭」，而是「邊睡邊哭」。每個睡眠週期都會出現暫時醒來的覺醒期間，這段期間中大人可能會說夢話、或換姿勢，不過如果是寶寶則會皺皺眉頭、或發出哼哼唉唉的聲音。爸爸媽媽可能會誤以為寶寶「在哭」而過去哄他，其實不需要。《超級嬰兒通》這本書裡把這種現象稱為「謠言哭聲」或「假哭」，也有其他的書叫做「睡眠中的哭泣」。

那麼問題來了，媽媽這時到底應不應該過去哄小孩呢？保母出身的專家們說這種「假哭」現象大概會持續 3 ～ 10 分鐘。另外，也有一些嬰兒睡眠相關論文認為，這個現象大概要等 3 分鐘；還有些醫生說讓寶寶哭個 15 ～ 20 分鐘都沒什麼關係。

對於可以忍受孩子哭多久，主要在於媽媽的意志力，真的受不了的話可以忍個 3 分鐘，如果還可以就忍 20 分鐘左右，這樣的時間長度都沒關係。不過要是寶寶持續哭超過 20 分鐘，就要看媽媽是要安撫他，還是要再等等看。

❶ 瞭解寶寶「睡眠中的哭泣」或「假哭」
❷ 最少等 3 分鐘，最多可以等到 20 分鐘
❸ 超過 20 分鐘，就可以決定要不要哄寶寶

Q4 如果睡眠訓練時寶寶哭太慘，個性會不會變差？

睡眠訓練時，不管怎樣都一定會時常面臨寶寶大哭的狀況。看到自己可愛的寶貝不停罵罵號，有時就會擔心「他哭成這樣都一直放著真的好嗎？」或是「哭得這麼久，個性會不會變差呢？」

雖然壓力的確也會影響寶寶的個性，不過在擔心一直哭會讓小孩的脾氣變不好之前，必須先把寶寶的「哭泣」和「壓力」這兩件事分開來看。「哭泣」是一種意思的表達，而「壓力」則是一種情緒狀態，所以並不是孩子一開始哭就表示他感受到壓力。

假如寶寶哭的原因是「想睡卻不知道該怎麼入睡」，那麼藉由睡眠訓練教他怎麼睡覺，就是一種減少寶寶壓力的方法。而且就算在孩子哭的時候沒有抱他，但如果有輕輕拍他等陪伴在他身邊的動作，也減輕寶寶的情緒壓力。只要幫助寶寶減緩他感受到的壓力，就可以避免造成個性上的影響。

然而，如果根本沒有讓寶寶做好睡眠訓練的準備，或是寶寶天生就對於獨自一人感到不安，他可能會一邊哭、一邊覺得很有壓力。依照孩子不同的狀況和屬性，要瞭解他現在是想睡覺才哭、還是覺得很有壓力才哭的？別人家小孩的狀況不一定跟自己的小孩一樣，正確掌握狀況之後就能更聰明應對睡眠訓練。

有研究結果指出，睡眠訓練並不會造成孩子日後的情緒問題。能好好睡覺的寶寶其實受到的壓力更少，情緒方面也會更健康。如果寶寶有睡眠習慣方面的問題，爸爸媽媽就需要下定很強的決心。

有些媽媽，是從寶寶滿 50 天左右就開始睡眠訓練，後來成功了。雖然每個寶寶都不一樣，但是平均來說，一般出生後滿 6 週左右就可以建立睡眠習慣。如果寶寶已經有吃好、飽睡的生活習慣，稍微提早一點做睡眠訓練也沒問題。

❶ 瞭解寶寶哭的原因，針對狀況來回應
❷ 把哭（意思的表達）和壓力兩者區分開來

Q5 晚上睡得很好，為什麼白天還是會一直哭鬧不停？

Doctor's Advice

白天平均的午覺時間大概是1.5～2小時左右，新生兒可能會更短，而且次數更多。出生滿1週時，白天午覺的平均次數大約是4次，滿1～3個月是3次，滿6～12個月是2次，滿3歲前則是1次。

有些寶寶晚上稍微哭一下就會睡著，可是白天睡午覺時，卻哭鬧得格外嚴重。

一般來說，寶寶白天午覺睡得好，晚上也可以睡得好；晚上睡得不好，白天午覺也會睡不好。如果寶寶晚上有好好睡覺，白天午覺卻沒辦法睡好，生活節奏就會出問題，會建議要仔細觀察寶寶一整天的生活。不過寶寶滿100天以前，都還處在確立生活模式的過程，不用太有負擔，游刃有餘地調整寶寶白天睡午覺的時間就可以了。

白天睡午覺時哄寶寶的方法

醒著時讓他充分地玩　多給寶寶刺激、跟他講話並陪他玩，因為活動量增加就會比較容易入睡。

建立休息時間　白天就算沒有睡午覺，但表定時間一到，還是要讓周遭保持安靜，拉下窗簾、製造出黑暗的氛圍等，建立寶寶的「休息時間」，這樣他躺著躺著就會睡著了。

進行睡眠儀式　白天最好也像晚上睡覺前那樣進行睡眠儀式。可以唱歌給寶寶聽，或輕輕拍他，像晚上睡眠儀式那樣做的話，寶寶就會知道已經到了該睡覺的時間，然後入睡。不過白天的睡眠儀式要比晚上再短一點，大約10～15分鐘比較適合。

❶ 醒著時讓他充分地玩
❷ 製造出黑暗且安靜的時間
❸ 白天哄寶寶睡午覺也要進行睡眠儀式

Q6 哭鬧不停的小孩要怎麼安撫？

有的寶寶一想睡就可以馬上睡著，但是也有寶寶明明很想睡，卻只是拼命哭、根本不肯睡覺。想睡的時候睡就好了，為什麼都不睡覺、還一直不停哭鬧呢？

其實就連我們大人也曾經遇過明明很想睡、精神卻超級清醒而睡不著的狀況吧？有時明明很想睡，但因為錯過睡覺的時間點，睡意就不見了；用這個角度來思考寶寶睡前的哭鬧就可以理解了。這種狀況大人可能一天只會經歷一次，但是對於整天大多都睡睡醒醒的寶寶來說，可能不得不哭個沒完吧？另外在睡意來襲之前，跟壓力有關的荷爾蒙會跟著急劇增加，這也會造成寶寶哭鬧不休的狀況。

減少睡前哭鬧的最好方法，就是在寶寶睡意來襲的那瞬間哄他睡覺。寶寶的日常生活作息規律的話，就能輕鬆掌握那個時間點哄寶寶睡覺。對寶寶來說也是這樣，如果每天都一直在同一個時間點睡覺，到了那個時間點也自然會比較容易想睡覺。

出生滿 4 個月後就會出現吃飽睡的規律作息，這時請仔細觀察寶寶想睡時會做哪些動作。大部分的寶寶會開始打哈欠、揉眼睛、吸手指或吸嘴唇，準備開始哭鬧耍賴。確實看出這個時間點，然後輕拍哄寶寶睡覺，就能減少睡前哭鬧的狀況。

每個寶寶的個性都差很多，如果寶寶很敏感，就要多花點心思讓周遭變暗一點、安靜一點，或調整房間內的溫濕度等等，才能讓寶寶好好睡覺。可以用睡眠日記掌握寶寶的睡眠習慣，會很有幫助。

❶ 建立寶寶規律的生活作息

❷ 看到寶寶發出想睡覺的訊號，就輕拍、哄他睡覺。

Q7 寶寶拒絕躺下！有什麼方法可以消除寶寶背部的警報器？

我會先用暖暖包把寶寶要睡覺的地方弄得熱熱的，就會很像被抱在媽媽懷裡，寶寶也會睡得很安穩。

前輩媽媽妙招

可以善用多功能嬰兒包巾、小米被子、或玩具奶嘴之類的東西。找到對寶寶胃口的東西，就能拉長寶寶的睡眠時間了。

抱著睡前哭鬧不休的寶寶，好不容易才哄完並安撫好寶寶，結果一讓他躺在地板又重新回到原點！那時內心有多麼絕望，應該只有經歷過的人才明白。寶寶怎麼會知道他現在被放下躺著呢？

新生兒一天平均的睡眠時間是 18 ～ 20 小時，其實扣除吃飯和哭的時間，寶寶幾乎一直都在睡。不過，寶寶之所以會知道某瞬間離開了媽媽的懷抱，是因為他處在「REM 淺度睡眠」的狀態，身體雖然在睡覺沒錯，但腦卻是醒著的。寶寶躺下的地方跟媽媽的懷抱有很大的差異，所以這時候寶寶就會醒來。

要消除寶寶背部警報器的最好辦法，就是盡量降低寶寶睡覺地方跟媽媽懷抱的差別。剛入睡的 5 ～ 10 分鐘內是寶寶睡得最熟的時候，所以寶寶一入睡就要盡量減少抱他的時間，然後把他睡覺的地方弄舒服一點，讓他覺得那裡比媽媽的懷抱更舒服。把寶寶睡覺的地方弄得像媽媽懷抱一樣溫暖柔軟之後，讓寶寶躺下時要盡量讓寶寶的背部維持圓圓的蜷曲狀，可以輕拍寶寶的胸口或屁股讓他有安全感。此外，寶寶有時會因為出現莫洛反射而在睡覺時突然醒來，可以用包巾把寶寶包牢一點、或用有點重量感的被子、枕頭蓋在寶寶胸口，這樣也能幫助他睡得安穩。

❶ 盡量把寶寶睡覺的地方弄得像媽媽懷抱一樣溫暖柔軟
❷ 把睡覺的地方弄成凹陷狀，讓寶寶可以維持蜷曲狀態
❸ 在寶寶適應睡覺的地方之前都要輕拍他

Q8 可以咬奶嘴嗎？

家裡有睡前嚴重哭鬧不休的寶寶、還有對吸吮有很強烈需求的寶寶，安撫奶嘴絕對能讓媽咪們找到一個新世界！不過相對來說，寶寶一旦習慣吸奶嘴，就可能較難戒掉，另外也有不少媽媽擔心孩子會有齒列不整問題，而對吸奶嘴心懷疑慮。不過請不用擔心，滿足寶寶吸奶嘴的需求、讓他在情緒面有安全感，這個作法的正面效果絕對是更大的。

重點是要挑對使用的時機。如果寶寶出生滿 4 週前就使用奶嘴，可能會出現乳頭混淆；而在滿周歲之後使用，則可能會改變下顎形狀。因此，在出生 1、2 個月後開始使用，到 6 個月前停下來就不會有問題。這時期的寶寶可以開始吃副食品或零食，所以也可以用其他東西滿足他吸吮的需求，不給他奶嘴他也不會吵著要吸。而且這時期的寶寶對吸吮的需求會比以前少，要讓他拿掉奶嘴會比較容易。

寶寶會吸手指很正常，出生滿 2 個月後，寶寶很自然地會把手放進嘴裡吸，這時期寶寶有強烈的吸吮需求，所以可以先放著不管。不過到了 6 ～ 7 個月還一直吸手指的話，可以給他磨牙棒等可以放進嘴裡吸吮的東西來讓寶寶戒掉吸手指。吸著奶睡覺的寶寶也是一樣，從這個時期開始讓他進入吃玩睡的作息模式，就能改正他吸著奶睡覺的習慣。

從新生兒時期到出生滿 3 個月，我都讓寶寶用跟媽媽乳頭質感很像、減少乳頭混淆的哺乳訓練專用奶嘴。寶寶滿 3 個月之後進入不同的成長階段，這種奶嘴也可以搭配各個階段使用。

讓寶寶用奶嘴，罹患中耳炎的可能性還滿高的。另外要注意，如果寶寶肚子餓時讓他咬奶嘴，可能會減少媽媽的奶水量，所以要調配好讓寶寶吸奶嘴的時間跟哺乳間隔，當寶寶不餓再讓他稍微吸一下奶嘴。

使用奶嘴可以減少嬰兒猝死症的發生。雖然還沒找到嬰兒猝死症的確實發生原因，但一般認為腦部發育尚未成熟可能是主因，因此也有報告指出，當嬰兒咬著奶嘴，就可以防止呼吸阻塞或呼吸停止的狀況。

1. 出生 4 週後開始用奶嘴，滿 6 個月前戒掉
2. 全母乳時期，寶寶可能會有乳頭混淆的狀況，要慎重決定用不用奶嘴

Q9 通常寶寶一睡醒就會哭得那麼慘嗎？

寶寶不會總是一醒來就大哭。他沒有不舒服的時候，醒來了就會開始玩、不會哭。所以當寶寶大哭時，不要馬上抱孩子，應該要先幫他解決他的不舒服。

偶爾也會看到那種醒來也不哭不鬧、自己咿咿呀呀、自得其樂的天使寶寶，不過大部分寶寶一睡醒，通常都會「嗚哇～」地爆哭起來。要是寶寶知道怎麼講話，就能知道寶寶為什麼會醒來，這樣育兒也會輕鬆很多；不過在寶寶會講話之前，爸爸媽媽得要瞭解寶寶哭的原因、並幫他解決問題。

寶寶哭等於他發出了不舒服的訊號，比方說：「我一醒來都沒人、我肚子餓、我覺得好熱或好冷、我不想再躺著了、我好無聊、我想打嗝、尿布不舒服、醒了又想睡、我要抱抱、我覺得太亮或太暗……」等等，寶寶會用哭聲表達他各種不舒服。

要瞭解寶寶現在感受到的不舒服是什麼，然後要幫他解決，寶寶就不會繼續哭。經過這些過程之後，寶寶會產生信任感，覺得自己醒來就馬上會有人過來，也會慢慢知道會有人立刻過來解決自己的不舒服，過一段時間之後，就算他睡到一半醒來也不會一直哭。所以當寶寶從睡夢中醒來大哭時，不要只是過去抱他，先檢查是什麼原因讓他不舒服。

等到寶寶從睡夢中醒來後都「不會哭」，讓爸媽可以安心離開房間的那一刻，爸媽應該會超級感動。不過在那天到來之前，寶寶睡到一半醒來大哭時，還是拜託爸爸媽媽帶著愛來照顧他囉！

❶ 寶寶醒來大哭時，找出讓他不舒服的原因
❷ 不要馬上抱孩子，先輕拍安撫、讓他再次入睡

Q10 寶寶只在想睡的時候才好好喝奶，這樣會影響發育嗎？

有的寶寶醒著都不會好好吃，等他想睡時餵他卻可以吃超多；有的寶寶體重偏輕，爸媽就會覺得一定要餵飽他，而一直在寶寶睡覺時餵他喝母乳或奶粉。

首先要考量的是，基本上沒有寶寶會因為成長的障礙而不吃東西。寶寶肚子餓就會吃，不過通常會出現的情況都是寶寶還沒開始餓，媽媽就先以為寶寶餓了，馬上就餵奶給他喝，結果就會讓寶寶吃超過他該吃的分量，或是到了晚上也繼續餵寶寶。

出生後到滿 3 個月左右，寶寶想吃的時候，就算是晚上也要讓他吃，這是對的，半夜哺乳的確也是一個增加母乳量的時機。但是，如果已經過了這段時期，就要減少半夜哺乳、或白天哺乳後讓寶寶睡午覺的狀況。寶寶晚上吃得多，白天自然會吃得少，結果就會形成一種惡性循環，造成寶寶睡到一半就要起來吃東西，無法做睡眠訓練。另外，晚上或睡到一半吃東西，寶寶很容易因為消化不良而睡不好，反而會對發育造成不好的影響。如果等寶寶覺得餓再餵，白天吃的量應該就滿夠了，所以寶寶半夜起來找奶喝的話，就盡量讓他喝少一點。

要是擔心寶寶的營養狀態不到標準值，請找醫生諮詢，選擇最適合自家小孩的方法來調整。可以讓寶寶吃一些嬰兒能吃的鈣、鋅等營養劑，或是在奶粉、副食品中加入一些熱量補充品，都是不錯的方法。

對於吃母乳的寶寶來說，一定必要的營養劑就是維他命 D。完美食品「母乳」中缺乏維他命 D，所以美國小兒科醫學學會建議，未滿 2 個月、喝母乳的嬰兒，一天需要補充 200IU 的維他命 D。

Q11 有什麼好方法可以同時哄老大和老二睡著？

剛出生的老二每隔 1、2 個小時就醒來哭一次，半夜幫他餵奶的同時老大又耍賴不肯睡；或是半夜老大醒來要輕拍哄他，結果這時候老二也一起醒過來大哭……這些狀況真的會搞得爸爸媽媽去掉半條命啊！

很會把兄弟姊妹一起哄睡的前輩媽媽們教你一個最棒的方法，那就是「睡眠儀式」。讓孩子聽個搖籃曲、或念本書給他們聽，一次對兩個孩子進行睡眠儀式，就能讓孩子知道睡覺時間到了。第二種方法就是先哄老大睡，再怎麼說，老大總是比老二更能聽得懂人話、比較容易入睡。而且媽媽也要常常先想到老大、先哄老大睡覺。第三種方法就是由老大來哄老二睡覺。如果讓老大來幫忙照顧弟弟、妹妹，他就會有責任感，也會樂意這麼做。

舉例來說，可以拜託老大幫弟弟、妹妹唱首搖籃曲，或請他幫忙輕拍弟弟妹妹，讓他跟媽媽一起把弟弟、妹妹哄睡。接著當弟弟、妹妹開始想睡覺時，媽媽就可以單獨陪著老大、哄他睡覺。這樣老大會因為有時間跟媽媽獨處而覺得開心，也會因為自己有能力可以幫忙把弟弟、妹妹哄睡而變得更加有自信。

像這樣用各種方法來哄孩子睡覺，等到孩子們都沉沉睡去後，就可以擁有自己的時間，悠閒地喝一杯茶了。

我在二寶出生前就先把老大的房間布置好，讓他練習可以一個人睡覺。

有時候把老二哄睡後，又會因為老大吵個不停而把老二吵醒，所以我就會對老大發脾氣。其實老大也只是個孩子，如果對他發脾氣，他也會不高興，所以我覺得在哄兩個孩子睡覺時，應該要先放下自己的想法。

❶ 對孩子進行睡眠儀式，一次把老大和老二哄睡
❷ 先把老大哄睡，再去哄老二
❸ 跟老大一起把老二哄睡，再把老大哄睡

Q12 孩子突然吃不下、睡不著，是不是急性腸胃炎？

寶寶本來吃得好、睡得好，卻突然出現吃不下、睡不著的狀況，這時媽咪就會開始精神崩潰。前輩媽媽們都說這種時候是寶寶的快速成長期，過一陣子就沒事了！到底什麼是快速成長期呢？

所謂的快速成長期，是指「大腦發育跳躍期（wonder weeks）」，在出生後滿 20 個月之前，寶寶在身體、精神方面會有 10 次的急速成長期。比起身體方面的成長，更常指情緒方面的成長，寶寶在這段期間中會經歷突發性變化，在心理上也會感到不安。

這個時期的寶寶會沒有原因地大哭大鬧、常常從睡夢中醒來，或是本來已經戒掉了卻又在半夜吵著喝奶。抽樣調查的結果顯示，大約出生後第 5 週、8 ～ 9 週、17 週、25 週、36 週、45 週、54 週、61 週、73 週、80 週、89 週左右，都會出現快速成長期。這是大量統計的平均調查結果，所以自家寶寶不一定剛好符合這些時間點，而且也有部分的小兒科醫生認為，快速成長期一詞定義相當模糊，很難說有哪些醫學根據。

重點是瞭解寶寶會經歷這樣的期間，才會比較安心。為了讓寶寶有安全感，也要常常抱他或幫他按摩等等，跟寶寶進行愛的互動，這是最好的方法。

好像有滿多寶寶沒有出現這種快速成長期的現象。我家孩子剛好都沒有腹痛、或嚴重的哭鬧狀況，很順利就養大了。

前輩媽媽妙招

寶寶也跟大人一樣，不會時時刻刻都在最佳狀態嘛！多抱抱他、哄哄他，這樣好日子就會再次來臨囉～

❶ 當寶寶出現快速成長期的現象時，要抱他並哄他
❷ 知道這些都會過去，安心度過這段期間

Q13 餵母乳的話，孩子更容易醒，能不能只在晚上餵他奶粉呢？

一般寶寶出生滿6個月左右就會從下排門牙開始長牙，對於已經長牙的寶寶來說，如果泡奶粉給他喝之後立刻哄他睡覺，很容易導致寶寶蛀牙。

給寶寶吃母奶時，他常常會在半夜醒過來，所以有些前輩媽媽會專挑晚上泡奶粉給寶寶喝，這樣寶寶就能睡很久。讓寶寶最後一餐喝奶粉或半夜泡奶粉給他喝，他真的能睡比較熟、比較沉嗎？

是的，沒有錯。因為消化奶粉的時間比母奶多1.5倍，飽足感會持續比較久。此外，最後一餐用奶粉餵時，就可以延後寶寶肚子餓醒來的時間點。不過，喝母奶的寶寶突然改餵奶粉的話，可能會出現乳頭混淆；而且哺乳初期需要增加母乳的分泌量，如果夜間餵奶改用奶粉，也可能會造成母乳分泌量減少。

要是母乳量很充足、寶寶也沒有乳頭混淆，可以混合進行的話，就可以在寶寶睡前吃的最後一餐改用奶粉餵。有些媽媽很難改變習慣、覺得一定只能餵母奶，不過那不一定是最好的育兒方式。

至於要餵多少奶粉量，請參考下表，有依照足月別提供每次餵奶粉時所需的量。

足月數	寶寶的體重	餵奶粉一次時所需的量
出生後滿2週	3.3kg	80ml
出生滿2週～1個月	4.2kg	120ml
出生滿1～3個月	5.0～6.0kg	160ml
出生滿3～5個月	6.9～7.4kg	200ml
出生滿5～6個月	7.8kg	200～220ml

❶ 如果母乳量很多、不用擔心寶寶有乳頭混淆，就可以考慮半夜泡奶粉給寶寶喝

❷ 要配合寶寶的足月數和奶粉量來沖泡

Q14 要怎麼知道寶寶哭是因為肚子餓，還是想睡覺？

媽媽們無法中斷半夜餵奶的共同原因，就是覺得寶寶半夜醒來哭是因為肚子餓。寶寶在睡眠訓練的過程中哭的話，媽媽們也會心想：「是不是他餓了才哭的？我該怎麼辦？」結果就因為心疼，還是幫寶寶餵奶了。到底寶寶是肚子餓才哭的，還是是因為想再睡回去而哭的呢？只要弄清楚這點，就能輕鬆進行睡眠訓練了。

如果覺得寶寶好像是因為肚子餓醒的，首先要好好觀察寶寶發出的訊號。他的嘴巴是不是在蠕動尋找乳頭、有沒有吸吮自己的手或嘴唇等等，可以確認這些肚子餓的訊號。有些細心的媽媽也可以透過經驗分辨寶寶是肚子餓哭，還是想睡覺才哭。

要是不太能區分寶寶想睡覺的訊號，可以用出生滿 6 個月當作基準而採用不同的處理方式。未滿 6 個月的寶寶可能是因為肚子餓而醒的，可以餵他喝奶，然後慢慢減少餵奶次數；而寶寶滿 6 個月之後就不要再這樣餵奶。滿 6 個月的寶寶就算真的是因為肚子餓而醒來，也盡量不要讓他在半夜吃東西，讓他晚上好好睡覺會比較好。

所有的媽咪們在寶寶哭的時候都很容易心軟。不過，如果要在「要不要餵奶」和「睡眠習慣」這兩者中做選擇的話，為了寶寶和媽媽的身心健康，還是會建議媽咪們不要餵奶，而是要讓寶寶養成良好的睡眠習慣。

有一款 APP 叫做「cryingbebe」，可以分析寶寶的哭聲。我在寶寶新生兒的時期用過，很好用。

有人說寶寶「嗯啊嗯啊」這種哭聲就是肚子餓，而「啊啊～」這種耍賴的哭鬧聲就是想睡覺。沒辦法判斷寶寶是想睡覺還是肚子餓的話，也可以用足月別和哺乳間隔為基準來判斷。

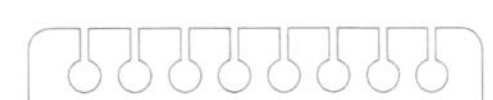

- ☐ 蠕動嘴巴
- ☐ 發出嘖嘖的聲音
- ☐ 一直伸舌頭
- ☐ 吸嘴唇
- ☐ 頭轉來轉去找乳頭

1. 寶寶嘴巴蠕動，或吸吮自己的手或嘴唇，就是他肚子餓的訊號
2. 無法分辨寶寶是不是想睡覺，可以用 6 個月當基準決定處理方式

Q15 有什麼方法可以不做睡眠訓練就把孩子哄到睡著呢？

在抱躺法、費伯睡眠法等方法中，也都包含了睡眠儀式和睡眠聯想等原理。重點就是善用各種方法讓寶寶自己入睡。

用來進行睡眠聯想的環境或物品，心理學的用語稱為「施行對象」。如果能藉由施行對象順利執行睡眠，就能自然而然成功完成睡眠訓練。

我們一般常聽到的嬰幼兒「睡眠訓練」，英文又叫做 behavioral sleep intervention，簡稱為 BSI，而近年來「睡眠訓練」似乎也成了爸爸媽媽們的必修課程。

其實有滿多父母對於「睡眠訓練」這個詞，或是它進行的方式感到抗拒。不過，如果想讓寶寶盡量不哭、還要把他哄睡的話，就試試看「睡眠聯想法」吧！

「睡眠聯想」是指在入睡前，讓寶寶擁有最能讓他安心睡著的某些環境或東西。對於一定要媽媽抱著才能入睡的寶寶，「媽媽的懷抱」就是他的睡眠聯想，所以只要讓這樣的寶寶把睡眠聯想轉換成「躺著睡覺」就可以了。吊掛玩偶、睡眠娃娃、柔軟的毯子、有媽媽味道的衣服等等，這些東西都可以幫助寶寶產生睡眠聯想，營造出想睡覺的感覺。讓這些東西總是陪在寶寶身邊，寶寶就會得到充足的安全感而能好好睡覺。

媽媽們之中也有「拿出吊掛玩偶來哄寶寶睡覺」、「用睡眠蛙娃或安撫奶嘴哄寶寶睡覺」等等說法和建議，其實一方面也可以說這些媽媽們是成功地運用了睡眠聯想法。因此，不想、或沒辦法進行睡眠訓練的爸爸媽媽們，也不用太焦慮。只要找到適合孩子和大人們生活作息的方法，就是最好的方法。

❶ 找出一個能順利讓寶寶產生睡眠聯想的東西
❷ 執行睡眠

Q16 寶寶什麼時候要到另一個房間睡覺？

寶寶跟父母同房睡覺，就可以在寶寶需要時立刻照顧他，出現不舒服或危急狀況時也能立刻伸出援手，比較令人放心。不過有些睡眠訓練的書說要分開睡，寶寶才能熟睡。這裡所說的「分開睡」，也包含睡同一個房間，但寶寶在另一張床、或另一個床鋪上。

不過，在美國或歐洲等地，通常從新生兒時期開始就會另外幫寶寶準備房間，讓他自己睡。在另一個房間哄寶寶睡覺，真的會睡得比較好嗎？

滿多專家認為寶寶跟父母一起睡比較好，因為越小的寶寶越需要媽媽，而且寶寶能透過肌膚接觸獲得安全感。分開睡的話雖然會比較容易進行睡眠訓練，對彼此來說也比較輕鬆，但是會不方便處理緊急狀況，而且當寶寶醒來時，父母就得兩邊跑。

美國小兒科學會會誌中刊登的一篇論文提到，孩子出生未滿 1 年，最好在父母睡覺的位子旁另外設一個睡覺的地方給寶寶睡。此外，韓國的專家們則表示，目前已知當孩子滿 3 歲時就能跟母親分開生活，所以建議從 3 歲開始再跟孩子分房睡。因此，當寶寶和母親都準備好的時候，就可以慢慢試著跟孩子分房睡了。

跟孩子分開睡好像要看父母的意願，有些父母覺得跟孩子一起睡會比較安心，也有父母覺得應該要跟孩子分開睡，他才會睡得比較好。

跟寶寶分開睡的時候，必須仔細檢查有沒有會讓寶寶滾落或撞傷的危險因素。設置 CCTV 監視設備隨時觀察也是一個好方法。

台灣廣廈國際出版集團
Taiwan Mansion International Group

國家圖書館出版品預行編目（CIP）資料

新手媽咪不崩潰！：產前100天到產後100天，最關鍵的「懷孕、生產、育兒」135問，前輩媽媽×權威醫師幫妳搞定！/ 朴賢珠，金惠敬著；林千惠譯. -- 初版. -- 新北市：臺灣廣廈，2019.02
面；　公分
ISBN 978-986-130-414-4(平裝)
1.懷孕 2.分娩 3.婦女健康 4.育兒

429.12　　107019558

新手媽咪不崩潰！

產前100天到產後100天，最關鍵的「懷孕、生產、育兒」135問，前輩媽媽×權威醫師幫妳搞定！

作　　者／朴賢珠、金惠敬
監　　修／黃寅喆
審　　訂／彭成然
譯　　者／林千惠
編輯中心編輯長／張秀環
編輯／彭翊鈞
封面設計／呂佳芳・**內頁排版**／菩薩蠻數位文化有限公司
製版・印刷・裝訂／東豪・弼聖／紘億・秉成

發 行 人／江媛珍
法律顧問／第一國際法律事務所 余淑杏律師・北辰著作權事務所 蕭雄淋律師
出　　版／台灣廣廈有聲圖書有限公司
地址：新北市235中和區中山路二段359巷7號2樓
電話：（886）2-2225-5777・傳真：（886）2-2225-8052

行企研發中心總監／陳冠蒨
整合行銷組／陳宜鈴
媒體公關組／徐毓庭
綜合業務組／何欣穎
地址：新北市234永和區中和路345號18樓之2
電話：（886）2-2922-8181・傳真：（886）2-2929-5132

代理印務・全球總經銷／知遠文化事業有限公司
地址：新北市222深坑區北深路三段155巷25號5樓
電話：（886）2-2664-8800・傳真：（886）2-2664-8801
網址：www.booknews.com.tw（博訊書網）
郵 政 劃 撥／劃撥帳號：18836722
劃撥戶名：知遠文化事業有限公司（※單次購書金額未達500元，請另付60元郵資。）

■出版日期：2019年02月
ISBN：978-986-130-414-4